中国关心下一代工作委员会
中国教育科学研究院 联合

U0626169

婴幼儿成长指导丛书

幼儿篇
（上）

主编　王书荃

教育科学出版社
·北 京·

编 委 会

关注婴幼儿成长

托起明天的太阳

顾秀莲 二〇一三年

三月二十六日

致婴幼儿家长朋友的一封信

亲爱的家长朋友：

　　您好！

　　当一个婴儿降生在您的家里，请您不要怀疑：那是上天赐给您的礼物，那是一个天使降临在您的家里。随着婴儿的生命像鲜花般逐日绽放，您会惊讶生命的神奇和绽放的壮丽。由于生命成长绽放的过程不能预演，不能彩排，更无法重来，所以我们要怀着无限的敬畏之心去呵护，何况生命的初年是弥足珍贵的。

　　0～6岁是人一生中最重要的华年，它之所以重要，是由于人生的最初六年奠定了人一生的生命质量要素：健康、智能、体能、性格和习惯。由于人生的华彩篇章往往是在成年呈现的，所以人们常常忽略幼年和童年的生命奠基价值，其实人成年后生命的质量和形态都能从幼年和童年的生活经历中找到根由。早期教育就是要重视和提高人生命初年的生活质量，为未来的人生奠定良好的基础。

　　一个人生命初年的生活质量，既关乎个体、关乎家庭，也关乎国家与民族的未来。党和政府非常重视儿童的健康成长，相继出台了一系列政策法规，意在为儿童成长创造良好的环境。儿童最主要的成长环境是家庭，家庭是孩子的第一个课堂，父母是孩子的第一任教师。做好家庭教育指导，就是为孩子建设好第一个课堂，培训好第一任教师，这无疑是非常有意义的事。培养好孩子不仅是为个人和家庭创造福祉，也是为我们的国家和社会创造美好的未来。

　　为促进婴幼儿健康发展，2014年，中国关心下一代工作委员会事业发展中心重新发起了"百城万婴成长指导计划"这一公益项目。这个项目旨在通过资源整合，服务创新，搭建公益平台，开展多项活动，向广大城乡婴幼儿家庭宣传普及科学育儿知识，提供普惠的、科学的、便捷的早教服务，为千千万万婴幼儿家庭带去关爱和帮助。这套"婴幼儿成长指导丛书"的编写就是这一公益项目的重要组成部分，是这个项目开展父母大课堂活动的讲课蓝本，也是通过互联网向广大婴幼儿家庭宣传早教知识的基本素材。

这套丛书的编写者都是早教专家和富有经验的早教一线工作者，他们在做好本职工作的同时，应中国关心下一代工作委员会之邀，通力合作，日以继夜勤奋笔耕，完成了这套丛书的编撰，其敬业与勤劳令人感佩。这套丛书的编写得到了北京硅谷和教育科学出版社的鼎力支持，得到了社会各界的热心帮助。

希望这套丛书能为您和广大读者带来帮助，有所裨益，也希望得到您的批评和指教！

祝：您的宝宝健康成长，您的家庭安康幸福！

中国关心下一代工作委员会事业发展中心

2014 年 10 月

新生命的孕育为家庭带来喜悦的同时，也带来了责任。俗话说："三岁看大，七岁看老。"现代科学证明：改变一生、影响未来的是生命最初的一千天。

人的健康从还是一颗受精卵开始就在打基础了，整个孕期，胎儿吸收大量的营养，迅速地完成身体各个器官和功能的发育。出生第 1 年，孩子的身体以令人惊喜的速度迅速长大；两岁时，孩子的大脑重量已是出生时的 3 倍；3 岁时，孩子已经具备了基本的情绪反应，掌握了沟通所需的基本语言能力。因此，0～3 岁是个体感官、动作、语言、智力发展的关键时期，奠定了其生理和心理发展的基础。但是，许多年轻父母在还没有完全形成父母意识的时候，就匆匆地担任起了为人父母的重要角色。做父母需要学习，养育孩子的过程也就是父母学习和成长的过程。父母如果具备了养育孩子必需的知识，就可以充分利用孕育生命和婴儿出生后头两三年的重要发育阶段，给胎儿提供充足而均衡的营养，为婴幼儿提供尽可能多的外部刺激，来促进孩子发育，帮助孩子发展自然的力量。

父母既要懂得一些护理、保健的知识又要掌握科学喂养的技巧，更重要的是通过情绪、情感的关怀和适宜的亲子游戏活动，为孩子的一生创造一个良好的开端，为未来的发展奠定良好的基础。

　　中国关心下一代工作委员会事业发展中心发起了"百城万婴成长指导计划"，包括"百城百站""百城千园""百城万婴"系列项目，从网络建设、工作站点、亲子园到对 0～3 岁婴幼儿的指导，系统地构建了促进儿童早期发展的管理和服务体系。为落实"百城万婴成长指导计划"，受事业发展中心委托，我们编写了这套"婴幼儿成长指导丛书"。本套丛书依年龄分为《胎孕篇》《婴儿篇》（0～1 岁）、《幼儿篇（上）》（1～2 岁）、《幼儿篇（下）》（2～3 岁）四册，按照生命发生发展的过程，从各个阶段的状态特点、保育、教育等方面，为准父母、新手父母做了系统、全面而详尽的说明、解惑和指导。

　　本套丛书，以年龄轴线作为分册的依据，每一年龄段从"特点""养育""教育"三个维度出发，通过 8 个板块（生活素描、成长指标、科学喂养、生活护理、保健医生、动作发展、智力发展、社会情感），系统、全面地向家长展示了 0～3 岁儿童生长发育的全过程，在这个基础上，教家长适时、适宜、适度地养育和教育孩子，以促进其全面健康发展。

　　我们希望这套"婴幼儿成长指导丛书"能给家长带来崭新的育儿观念、丰富的育儿知识和科学的育儿方法，让孩子在良好的环境中健康地成长。

王书荃

2014 年 10 月于北京

contents 目 录

第一章　13～15个月的宝宝

第一节　宝宝的特点 2

一、生活素描 2

二、成长指标 5

（一）体格发育指标 5

（二）能力发展要点 5

第二节　养育指南 6

一、科学喂养 6

（一）营养需求 6

（二）喂养技巧 7

（三）宝宝餐桌 9

二、生活护理 11

（一）吃喝 11

（二）拉撒 12

（三）睡眠 13

（四）其他 14

三、保健医生 14

（一）常见疾病 14

（二）健康检查 16

（三）免疫接种 16

第三节　宝宝的发展 16

一、动作发展 16

（一）动作发展状况 16

（二）动作训练要点 17

（三）动作发展游戏 17

二、智力发展 19

（一）智力发展状况 19

（二）智力培养要点 21

（三）智力发展游戏 21

三、社会情感发展 23

（一）社会情感发展状况 23

（二）社会情感培养要点 24

（三）亲子游戏 25

第二章　16～18个月的宝宝

第一节　宝宝的特点 28

一、生活素描 28

二、成长指标 31

（一）体格发育指标 31

（二）能力发展要点 31

第二节　养育指南 32

一、科学喂养 32

（一）营养需求 32

（二）喂养技巧 33

（三）宝宝餐桌 34

二、生活护理 36

（一）吃喝 36

（二）拉撒 37

（三）睡眠 37

（四）其他 38

三、保健医生 39

（一）常见疾病 39

（二）健康检查 40

（三）免疫接种 40

第三节　宝宝的发展 41

一、动作发展 41

（一）动作发展状况 41

（二）动作训练要点 42

（三）动作训练游戏 42

二、智力发展 43

（一）智力发展状况 43

（二）智力培养要点 45

（三）智力发展游戏 45

三、社会情感发展 47

（一）社会情感发展状况 47

（二）社会情感培养要点 48

（三）亲子游戏 49

第三章　19～21个月的宝宝

第一节　宝宝的特点 52

一、生活素描 52

二、成长指标 55

（一）体格发育指标 55

（二）能力发展要点 55

第二节　养育指南 56

一、科学喂养 56

（一）营养需求 56

（二）喂养技巧 57

（三）宝宝餐桌 59

二、生活护理 60

（一）吃喝 60

（二）拉撒 61

（三）睡眠 62

（四）其他 63

三、保健医生 64

（一）常见疾病 64

（二）健康检查 65

（三）免疫接种...65

第三节　宝宝的发展...66
一、动作发展...66
（一）动作发展状况...66
（二）动作训练要点...67
（三）动作训练游戏...67
二、智力发展...69
（一）智力发展状况...69
（二）智力培养要点...70
（三）智力发展游戏...71
三、社会情感发展...73
（一）社会情感发展状况...73
（二）社会情感培养要点...74
（三）亲子游戏...75

第四章　22～24个月的宝宝

第一节　宝宝的特点...78
一、生活素描...78
二、成长指标...80
（一）体格发育指标...80
（二）能力发展要点...81

第二节　养育指南...82
一、科学喂养...82

（一）营养需求 ………………………………………… 82

（二）喂养技巧 ………………………………………… 83

（三）宝宝餐桌 ………………………………………… 84

二、生活护理 ………………………………………… 86

（一）吃喝 ……………………………………………… 86

（二）拉撒 ……………………………………………… 87

（三）睡眠 ……………………………………………… 88

（四）其他 ……………………………………………… 88

三、保健医生 ………………………………………… 90

（一）常见疾病 ………………………………………… 90

（二）健康检查 ………………………………………… 91

（三）免疫接种 ………………………………………… 92

第三节　宝宝的发展 ……………………………… 93

一、动作发展 ………………………………………… 93

（一）动作发展状况 …………………………………… 93

（二）动作训练要点 …………………………………… 94

（三）动作发展游戏 …………………………………… 94

二、智力发展 ………………………………………… 96

（一）智力发展状况 …………………………………… 96

（二）智力培养要点 …………………………………… 97

（三）智力发展游戏 …………………………………… 98

三、社会情感发展 …………………………………… 100

（一）社会情感发展状况 ……………………………… 100

（二）社会情感培养要点 ……………………………… 101

（三）亲子游戏 ………………………………………… 102

第一章

13～15个月的宝宝

第一节　宝宝的特点

 一、生活素描

1～2岁是宝宝从婴儿向幼儿过渡的重要时期。

1岁以后，绝大多数宝宝都爬得相当自如了，能爬着朝各个方向前进或者后退。学走路是宝宝这个时期的重要任务。多数情况下，刚满1岁的宝宝仅能直立，部分宝宝可以向前迈步，但可能膝盖不太会打弯，步伐沉重，也容易向前摔倒。到1岁3个月时，大多数宝宝就能够比较稳当地行走了。在这3个月里，宝宝还能蹲下捡起地上的东西；能扶着栏杆，双脚在一个台阶上站稳，再迈上另一个台阶。

除大动作的发展突飞猛进外，宝宝的精细动作也越来越好了。他喜欢把手指插进有洞洞的地方戳戳、抠抠；积木能摞到三四块的高度；会把笔插入笔筒内，把环套在柱子上；能用一只手同时捡两个东西；会用拇指和食指的指尖捡起面包屑、线等细小的物品；能握笔涂鸦；能翻较厚的书页，但可能一翻就是很多页。

刚满1岁时，宝宝还常用动作表达意愿，如伸手要求抱。而1岁3个月后，宝宝往往能试着用语言表达了，但常常只能说一个单字，如"抱""要""吃"……而且，有以词代句的现象，如"妈妈"可能代表"妈妈抱""妈妈带我出去玩""妈妈给我饼干"等不同的意思。家长需要结合情境，努力猜测宝宝的意思。这个时期，宝宝能够正确称呼家中的大人了；当说一些常见的物品时，宝宝能够指认；还能够按指令做些简单的动作。

伴随运动能力的增长，见识的东西多了，宝宝的认知能力迅速发展。这

3个月，宝宝能用手正确指出自己身体的3个部位；能把小瓶子里装的东西连抠带倒地弄出来；能认识红色；能从镜子中认出自己；能够记住自己喜欢和讨厌的东西。

1岁后，宝宝对妈妈的依恋越来越强，会借助爬或走的方式主动接近妈妈，对熟悉的家人也有很强的依恋感。同时，宝宝会害怕陌生人和陌生的环境。有妈妈在场的情况下，他才可能会警觉地观察一阵陌生人后，允许他们靠近自己。

宝宝的自理能力也越来越强了。他不断学习自己拿勺吃饭、自己拿杯喝水，还会按照大人的指令完成一些小任务，如握握手、把玩具递给妈妈、配合父母给自己穿衣服的动作等。

💡 提示与建议

1. 做好准备，敢于放手。原本经由父母规范的生活，随着宝宝一步一步的行走在不知不觉地发生变化。宝宝的视野开阔了，经验丰富了，对自己的能力、独立性逐渐有所意识。通常，那些不会走或刚学会走的宝宝最爱走路了，见到新奇的东西还不免要摸摸、拽拽、摇摇、抠抠，甚至放进嘴里。因此，父母要做的有以下几点。首先，为宝宝准备一个安全、无障碍的运动环境。为安全起见，家长最好蹲下身，用宝宝的视线高度细细走完他的活动范围，体验宝宝的所见所感，并排除一切障碍和安全隐患。其次，坚持起居有规律，饮食搭配合理全面。这看似与活动无关，但实际上，良好的生活规律可以帮助宝宝建立起活动与休息的生物钟，良好的营养能促进其身体机能与神经系统的发育，它们都间接而重要地影响着宝宝各种能力的发展。再次，不妨给宝宝穿上设计简洁、活动方便的衣服，准备一些能促进其行走的玩具，如拖拉玩具、球等，从而增加宝宝的运动兴趣。最后，当一切准备好后，就请相信宝宝的能力。在全程看护、避免意外的前提下，尽可能地放手，让宝宝去看、去听、去摸其想接触的一切事物，积极鼓励其去探索。

2. 把握生活时机，培养自理能力。越小的宝宝，越适合在生活中随机教育。吃饭、穿衣、如厕、洗澡……这些既是生活内容，又是教育内容，如饭前洗手、饭后漱口、晨起蹲便等，都是从小就要养成的习惯。再比如，吃饭，如果家长始终喂他，这只能称为满足其生存需要；如果家长培养宝宝自己用勺吃饭，这就是教育。很多家长不愿意放手，一是怕脏乱，二是嫌慢。想想要减少脏乱不妨采用如下办法：可以在餐椅下铺上报纸；为宝宝穿上罩衣；选择带把儿的饭碗、柄粗一些的勺子；在勺柄上缠上线，防止发滑；还可以先选择那些黏糊、容易粘到勺上的食物让孩子尝试，如土豆泥、南瓜泥等。至于嫌慢，恐怕家长就得修炼自己的耐性了。同时，家长也要琢磨一下时间管理，为宝宝留出充裕的吃饭时间。

3. 明确表达对宝宝的爱。宝宝与父母交往所获得的认识，会在潜意识层面遗留下来，成为其今后在社会中与他人交往的心理基础。如果宝宝从父母那里获得足够的爱，对父母充分信任，他长大以后，也更倾向于信任他人，随和而包容。对宝宝来说，从出生那一刻起，就需要父母经常地亲吻、拥抱、安抚，以获得触觉刺激与安全感。尤其要提醒爸爸，诸如父爱如山、沉默深沉的感觉，宝宝是感觉不到的；爱宝宝，就要从内敛的方式走出来，热情与赞赏是对待宝宝基本的态度。请父母尽可能多地与宝宝游戏，在游戏中通过与宝宝的体肤接触、言语交流，传达对宝宝的爱意，培养他稳定、愉快的情绪。

适合宝宝的玩具：
- 各种大小和质地不同的球
- 拖拉玩具
- 木制或塑料制小壶、小桶、喷壶等
- 有弹性的娃娃，毛绒玩具
- 布书
- 海绵积木

 二、成长指标

（一）体格发育指标

体格发育参考值

项　目		体重（千克）			身长（厘米）			头围（厘米）		
		-2SD	平均值	+2SD	-2SD	平均值	+2SD	-2SD	平均值	+2SD
13个月	男	7.9	9.9	12.3	72.1	76.9	81.8	43.8	46.3	48.9
	女	7.2	9.2	11.8	70.0	75.2	80.5	42.4	45.2	47.9
14个月	男	8.1	10.1	12.6	73.1	78.0	83.0	44.0	46.6	49.2
	女	7.4	9.4	12.1	71.0	76.4	81.7	42.7	45.4	48.2
15个月	男	8.3	10.3	12.8	74.1	79.1	84.2	44.2	46.8	49.4
	女	7.6	9.6	12.4	72.0	77.5	83.0	42.9	45.7	48.4

　　注：本表体重、身长、头围摘自世界卫生组织"2006年儿童体重、身长（高）、头围评价标准"，身长取卧位测量，SD为标准差。

（二）能力发展要点

能力发展要点

领域能力	13个月	14个月	15个月
大运动	牵一只手可以走；能蹲下捡东西；摔倒能自己爬起	能自己独走几步；会爬椅子并转身坐好；扶栏杆能抬起一只脚	能拉着玩具侧着或倒退走；能扶着扶手上楼梯；能举手过肩投球
精细动作	能把硬皮书打开及合上；会把小球捏起放入小瓶	能把瓶盖放瓶口上不掉；能帮助翻书页	方木搭塔能搭3层；会拧瓶盖；自发乱画

（续表）

领域能力	13个月	14个月	15个月
语言	能指认常见物品；能听懂经常对他说的话	会正确称呼家里人；会用手指向想要的物品	除爸爸、妈妈外，还会说3个词；对"给我"能做出正确反应
认知	认识红色；能将环套入柱子	不提示"倒出"，能把小球从瓶里取出；能从镜中认出自己	会把简单形状放入对应模型中
社交情感	害怕陌生人和陌生环境；对熟悉的家人有很强的依恋	把某一件玩具或衣物当作依恋物；模仿做家务；对恐惧经历印象深刻	可以把玩具给别人；会哄布娃娃吃饭、睡觉

第二节　养育指南

一、科学喂养

（一）营养需求

宝宝1岁以后，体格和脑的发育速度虽然较0～1岁时有所减慢，但仍很迅速，对营养素的需要也相对增加，特别是铁质、蛋白质和维生素。这个时期，大脑的发育十分关键，它将为宝宝以后的智力、行为发展奠定基础。营养的充足均衡不仅影响大脑发育，也影响体格发育，早期营养不良会使宝宝的骨骼和肌肉发育受阻，表现出消瘦、身体矮小，甚至生长停滞；同时抵抗能力下降，易患消化不良、腹泻或呼吸道感染等疾病。婴幼儿时期营养素缺乏还可能引起很多症状，详见下表。

宝宝缺乏营养素的症状表

营养素	营养素缺乏的警示信号
维生素A	夜晚视力减弱，腹泻，肠道感染，皮肤干燥粗糙，眼睛频繁出现睑腺炎，出现多种皮肤色斑
维生素B$_1$	缺乏食欲，心智灵敏度减退，记忆力减退，易怒，精力缺乏
叶酸	舌头发红，腹泻，胃肠功能紊乱，血细胞比容低
维生素B$_2$	嘴角干裂，舌头疼痛红肿，眼睑后感觉有异物，鼻、嘴、前额和耳朵周围皮肤呈鳞状，对光敏感
维生素B$_6$	血糖低，嘴角干裂，肌肉抽搐，易怒，眼睛周围皮炎，四肢麻木抽筋，反应迟钝，尿频
维生素D和钙	头骨发软，关节肿大，骨骼脆弱，鸡胸，罗圈腿
维生素C	很容易挫伤，牙龈出血，流鼻血，关节痛，伤口愈合慢
铁	皮肤苍白，易疲乏
镁	肌肉抽搐，定向障碍
磷	发育慢，牙齿不健康
蛋白质	易疲乏，发育慢，头发无光泽，指甲易断，食欲差
锌	指甲上有白点，注意力不集中，易疲乏，易感染

除了营养素缺乏以外，饮食过多、营养过剩、各种营养成分的比例不适当也会引起各种疾病。比如，饮食过度或食物热量过高，会导致肥胖，而肥胖会导致成年期发生心血管疾病的危险性增加；蛋白质进食过多，会加重肝、肾的负担；维生素D、维生素A、维生素C摄入过多也会引起中毒。因此，平衡膳食、合理营养是最重要的。

（二）喂养技巧

❶ 喝牛奶

过了1周岁，宝宝要喝经过杀菌处理的鲜牛奶。每天奶量500～700毫升，就能够满足宝宝成长发育中所必需的蛋白质、钙、维生素D等营养素。

❷ 科学饮水

宝宝冬天每日需要1000毫升水，夏天每日需要1500毫升水。平时要注意给宝宝补充水分，但是饮水时间和饮水量要讲究。

下午 5 点以后到晚上睡觉前尽量避免让宝宝大量饮水，否则容易尿床。喝冰水容易引起胃黏膜血管收缩，影响消化；冰冷刺激还会使胃肠蠕动加快，易出现肠痉挛，引起腹痛。喝水不要过急，否则容易被呛着。一次摄入水量过大，也容易引起身体不适。反复煮沸的残留开水、隔夜水，因亚硝酸盐增多，不宜饮用。喝果汁等饮料也要适当，妈妈可以自己榨汁给宝宝喝。橘子、西瓜、番茄、橙子、苹果都是很好的水果，营养素多，热量低，可用于榨汁。

❸ 自然断奶

（1）不要伤及宝宝的情感。

断奶应采取"自然断奶法"，如逐渐减少喂奶的次数和数量，让宝宝渐渐适应少吃奶或不吃奶。断奶后，宝宝有时会突然想吃几口，最好采取注意力转移的方法，让宝宝暂时忘掉吃奶，时间长了自然就断奶了。切忌采用强制的方法，如在乳头上抹辣椒、黄连等，或妈妈突然离开宝宝一段时间。这些做法有时会事与愿违。有些个别情况，采取一些措施并非不可以，但如果用温和的方法能够解决，最好不用强制方法，以免伤害宝宝的情感。

（2）自然断奶方式。

大多数妈妈都能顺利完成断奶。通常情况下，可按照以下步骤实施：减少可促进乳汁分泌的食物；逐步减少给宝宝哺乳的次数；逐步缩短给宝宝哺乳的时间；延长哺乳的间隔时间；尽量不用乳头哄宝宝入睡或哄哭闹中的宝宝；不哺乳时，尽量不在宝宝面前暴露乳头；不用哺乳的姿势抱宝宝；增加爸爸或家里其他看护人看护宝宝的时间，以此减少宝宝对母乳的想念和对妈妈的依恋；不给宝宝看有妈妈抱宝宝喂奶的图书、照片、电视画面；多给宝宝看有宝宝自己吃饭的图书、照片、电视画面；减少用儿语和宝宝说话的频率；在宝宝的玩具中增加餐具玩具，或给宝宝玩实物餐具。如果宝宝的小床紧临爸爸妈妈的大床，让爸爸更靠近宝宝小床的那边；妈妈可以适当给自己喷点香水，以掩盖母乳的味道。

经过上述步骤，妈妈的乳汁会越来越少，面对没有奶水的乳头，宝宝也就渐渐失去了吸吮的兴趣。

提示与建议

在喂养过程中存在的误区

1. 总是担心宝宝营养摄取不足。无论宝宝怎么吃，在爸爸妈妈看来，宝宝吃得都不够好、不够多。

2. 好食物什么都好，差食物哪里都差。蛋黄含有丰富的铁，所以把蛋黄当作最佳补血食物。但父母是否了解，蛋黄中的铁在肠道内的吸收率其实很低。糖并非对宝宝的生长发育有百害而无一利，洗澡前、活动量大、外出游玩时，吃一点糖果，会迅速改善低血糖症状，也能满足宝宝喜爱甜食的嗜好。没有最好的食物，也没有最坏的食物，任何可吃的食物都有它的营养价值和作用。

3. 放任宝宝吃零食。正餐之外恰当补充一些零食，能更好地满足宝宝新陈代谢的需求，也是摄取多种营养的一条重要途径。但父母把握宝宝吃零食的尺度非常重要。

4. 宝宝不喝水，就以饮料代替。饮料是水做的没错，但认为饮料可以代替水那就错了。如果宝宝确实是一点水也不喝，在白开水里少兑一些纯果汁，也是一个办法。

5. 喝水有助于消化。无论是饭前、饭中还是饭后，喝水都是不符合饮食健康原则的。喝水会稀释消化液，减弱消化液的活力，特别是对于消化功能还未发育完善的宝宝来说更是如此。边吃饭边喝水会出现胃部饱胀感，影响食量。但有一点需要妈妈注意，宝宝口渴时是吃不下饭菜的。所以不要让宝宝渴着，可以喝些汤或吃饭前半小时喝些水。

（三）宝宝餐桌

刚满1周岁的宝宝，虽然已进入自由咀嚼期，但容易感觉疲劳。饮食虽可照成人的菜单制作，但切块要小，烹制要软，调味品用量为成人用量的一半，以减少肾脏的工作负担。下面介绍几种适合这个阶段宝宝的辅食制作方法，供家长参考。

蛋黄青菜豆腐

原料：豆腐一小块，熟蛋黄一个，小白菜叶适量，淀粉和盐各少许。

制作方法：把豆腐放在碗里碾碎，把小白菜叶洗净后切碎，然后将两者放一起调入淀粉和盐搅拌均匀，放入蒸锅用中大火蒸15分钟，用叉子把蛋黄碾碎，撒在青菜豆腐上即可。

说明：豆腐的营养成分对宝宝幼小的牙齿、骨骼生长发育有着很大的促进作用。因其含有丰富的植物蛋白和钙、铁、磷、镁等营养物质，具有清热润燥、清洁肠胃的食疗作用。但豆腐性凉，脾胃虚寒、容易腹泻的宝宝最好少吃。

蛋肉糕

原料：肉馅100克，鸡蛋1个，葱末适量，淀粉、香油、盐、酱油各适量，清水少许。

制作方法：在肉馅中加入葱末、适量酱油和香油，调入淀粉和盐，再倒入少许清水搅拌均匀。把肉馅用小勺按平，在上面敲一个生鸡蛋，放到已经冒汽的蒸锅里，用中大火蒸15分钟即可。

说明：猪肉中的半胱氨酸有助宝宝预防和改善缺铁性贫血，同时为宝宝提供丰富的优质蛋白质和必需脂肪酸。鸡蛋含有丰富的蛋白质、脂肪、DHA等人体所需营养物质。

海苔鸡蛋羹

原料：鸡蛋1个，海苔适量，温水适量，盐少许。

制作方法：

将鸡蛋打散，加入等量的温水和一点点盐，搅拌。把大块海苔剪成小块放入蛋液后盖上盖放入蒸锅中，用中火蒸10分钟左右至凝固即可。

说明：鸡蛋羹含丰富的蛋白质、脂肪，营养价值高，滋养强身，健脑益智，是有助宝宝身体发育和大脑发育的最佳营养食品。放入海苔补钙又补碘，味道还很鲜美。

马蹄梨丁

原料：梨1个，马蹄8个，蜂蜜适量。

制作方法：把马蹄和梨都洗干净，处理好备用。马蹄放入开水中煮5分钟，煮熟后晾凉。梨去核切成小块，马蹄也切成等大的小块，淋上蜂蜜即可。也可以把梨和马蹄与煮马蹄的水一起放到榨汁机中榨汁，滤掉果肉保留果汁，加点蜂蜜来调味。

说明：马蹄中含有一种抗病毒物质，能用于预防流脑及流感。儿童和发烧患者最宜食用，咳嗽多痰、咽干喉痛、消化不良、大小便不利等患者应该多食用。梨有润肺、化痰、止咳、退热、降火的功效，但是梨性偏寒，脾胃虚寒、容易腹泻的宝宝不宜多吃。

二、生活护理

（一）吃喝

❶ 尊重饮食兴趣，培养饮食习惯

满1周岁的宝宝，饮食从以奶类为主转向以混合食物为主，饮食内容发生了变化。这个阶段，宝宝会将餐具当作玩具，不仅喜欢抢碗和勺子，更喜欢用手抓食，吃"抓饭"。爸爸妈妈不能因为怕宝宝弄脏了衣服、地板，就剥夺了他自己吃饭的权利，可以给他穿上一件耐脏好清洗的衣服，给他一副碗勺，大人再拿另外一副碗勺喂他。这样既满足了宝宝自己吃饭的欲望，又不怕他自己吃不饱或吃凉饭。

此时宝宝见什么都想吃，但他的消化吸收系统和内脏还未发育成熟。所以要给宝宝提供他能消化的食物，并遵循"由细到粗，由软到硬，少盐，无调料"的原则。这样既能保证宝宝充分消化吸收营养，又能锻炼他的牙齿和口腔。

一般混合性的食物在胃里经过4个小时左右即会被消化排空，所以宝宝的两餐之间的间隔不要超过4个小时。1~3岁的宝宝每日应安排早、中、晚三次正餐，上、下午各加餐一次，并做到定时定量。加餐给些水果和小零食。一般三餐的适宜能量比为：早餐占 30%，午餐占 40%，晚餐占 30%。

❷　固定吃饭地点

应养成宝宝在餐桌旁进餐的习惯，同时，家长应以身作则示范用餐礼仪。爸爸妈妈绝不能用哄骗的方法或拿着饭碗追孩子吃饭。要知道，家长可以这样惯着他，等上了幼儿园，老师可不会这样对待他。

（二）拉撒

❶　训练大小便的时机和方法

当宝宝会站、会走，能够蹲下、立起时，可以用表情或动作表示想要大小便，并能稍微"忍"一下，这个时候就是训练宝宝排便的最佳时机了。从开始训练到完全独立大小便，每个宝宝所需时间的长短可能有所不同，也没有必要强求一致。

大小便训练最好在游戏中进行，不要太过严苛。可以替宝宝准备合适的小马桶或马桶座圈来配合训练，颜色选择浅色系，以方便观察宝宝的尿液颜色。

一旦观察到宝宝有些坐立不安或小脸涨红，又是宝宝排便规律的时间点，要立即引导宝宝去坐便盆。便盆要放在比较明显的固定位置。宝宝坐便盆时，不要给他图书或玩具，更不能边吃东西边拉。让宝宝坐便盆的次数不能太勤，每次坐在便盆上的时间最多 5 分钟，没有便就站起来，有便意时再尝试。当宝宝坐便盆成功排出大小便后，要加以赞赏。不要对宝宝的大小便表示厌恶，以免宝宝产生心理困惑。

❷　训练大小便的注意事项

把便盆放在固定的地点，便于宝宝排便时能自己快速找到便盆。大便最好在早上或晚餐后进行，因为饱餐后会引起肠道蠕动，利于排便。夜间可根据宝宝的排便规律及时叫醒把尿，之后逐渐培养宝宝能叫醒父母把尿的能力。因此，平时大小便时，就要鼓励他说"爸爸，尿尿""宝宝大便"等，一般宝宝到 2～3 岁时将不再尿床。冬天要教宝宝学会便前便后脱下和拉上满裆的外裤，避免宝宝尿裤子。

宝宝大小便时要有人看护，但不要给他讲故事、看图书或吃食物，以免影响宝宝的注意力。

（三）睡眠

　　俗话说："早睡早起身体好。"身体生长激素大都在晚上分泌，所以晚上最好让宝宝早睡。晚上9点到11点，如果宝宝处于睡眠状态，会对大脑发育很有好处。

　　在入睡前0.5~1个小时，应让宝宝安静下来，不看刺激性的电视节目，不讲紧张可怕的故事，也不玩新玩具。要先洗脸、洗脚、洗屁股，再让宝宝排空小便。脱下的衣服整齐地放在相应的地方，按时上床睡觉。

　　宝宝上床后，晚上要关上灯；白天可拉上窗帘，让室内的光线稍暗些。

　　宝宝入睡后，成人不必蹑手蹑脚。习惯在过于安静的环境中睡眠的宝宝容易惊醒，只要不突然发出大的声响，如"砰"的关门声或金属器皿等物品掉在地上的声音即可。要培养宝宝上床后不说话、不拍不摇、不搂不抱、自动躺下、很快入睡、醒来后不哭闹的好习惯。对不能自动入睡的宝宝要给予言语安抚，但不迁就，要让宝宝依靠自己的力量调节自己入睡前的状态。不要用粗暴强制、吓唬的办法让他入睡。有的宝宝怕黑夜，可在床头安一个光线暗一些的台灯，有利于宝宝入睡。

　　1岁以后，宝宝已经形成了自己的入睡姿势，要尊重宝宝的睡姿，只要宝宝睡得舒适，无论仰卧、俯卧还是侧卧都是可以的。如果宝宝晚上刚喝完奶就要接着睡，宜采取右侧卧位，有利于食物的消化吸收。若宝宝睡觉的时间比较长，可以帮他变换姿势。

　　有的宝宝夜里睡不安稳、易惊醒、哭闹，父母如果立刻将其抱起来又拍又哄，让其再度入睡，就会使宝宝很快习惯于在父母怀里睡眠，不拍不哄便不再入睡。为此，对偶然出现的半夜哭闹，要查明原因。比如，白天是否受了委屈、听了惊险的故事，睡前是否吃得过饱，或饥饿、口渴、尿床、内衣太紧、太硬，以及肠道寄生虫或其他原因导致的腹痛、呼吸道感染导致的鼻塞等。查明原因后及时地给予针对性处理。若无躯体疾病，可改变其睡眠环境，父母应克服焦虑情绪，既不宜过分抚弄宝宝，也不要烦躁或发脾气，则夜间哭闹可自行纠正过来。

（四）其他

宝宝已经出牙，需要注意口腔保健了。饭后用纱布擦拭牙齿，牙齿稍多时可用软毛牙刷洁牙，全部乳牙长出后则需加用牙线来清洁牙缝。睡前可给少许温开水或以纱布擦拭牙齿，少吃甜食或黏性食物，以防蛀牙。帮助宝宝从小养成吃过东西漱口的习惯。

> 💡 **提示与建议**
>
> 1. 注意睡眠卫生。保持被褥清洁，每周最少在太阳光下晒两次，一年最少拆洗三次，厚薄应随季节不同及时调换。卧室要经常开窗通风换气。夏天可开窗或在凉棚下睡眠。寒冷季节可打开 1～2 扇通风窗睡眠，宝宝起床前 20 分钟可关闭门窗以提高室温，防止宝宝穿衣时着凉。
>
> 2. 保障环境安全。此阶段，宝宝的活动范围加大，但是维持身体平衡的技巧不佳，学走路的过程中常会把自己弄伤，所以宝宝活动时大人应尽量在旁陪伴，尽量保证环境安全。

三、保健医生

（一）常见疾病

❶ 流行性感冒

流行性感冒，是流行性感冒病毒引起的急性呼吸道传染病，简称流感。其特点是传播能力强，常呈地方性流行，当人群对新的流感病毒变异尚缺乏免疫力时，流感突然发生，迅速传播，可造成大面积流行。主要表现为突发高烧、头痛、全身酸痛、乏力、咳嗽、咽痛等。

注射流感疫苗是预防流感的最有效措施。流感疫苗自应用以来，对降低发病率起到了一定的作用，疫苗保护率在 80% 以上。每年要在流感高发期，一般是在秋末入冬之前进行疫苗的接种。

目前，医学上对流感及普通感冒都没有特异性治疗，抗病毒药的治疗效果有限，副作用比较大，主要是对症治疗。因此，对流感和感冒的治疗，主要是休息、保暖、多喝开水、房间多通风消毒，对症治疗，减轻症状等。

因此，宝宝得了流感，静养最重要。爸爸妈妈要保证宝宝有充足的睡眠，以及足够安静的室内环境。如果宝宝不想老是躺着的话，也可以让宝宝在室内玩耍。宝宝没有食欲时，也不必强迫宝宝吃饭。由于发烧会消耗大量水分，所以一定要帮宝宝补充足够的水分。饭后用温水漱口，用热毛巾清洁鼻孔，能起到排毒的作用。

宝宝发烧时，一定要及时测体温。如果宝宝的体温过高，要在医生指导下用药物降温，退热后，可简单地给宝宝洗个澡，但不能让宝宝感到疲劳。

临睡前喝一杯饮料有助于夜间让宝宝的鼻腔保持通畅。如果宝宝有咳嗽、流涕症状，可把宝宝的床头部位的垫子垫得稍微高一些，这样，宝宝的呼吸会比较容易一些。不要让宝宝穿得过多，而应及时调整室温，室温应以不感到寒冷为宜。

营造一个使宝宝感到舒适的环境。室内要保持舒适、温暖，保持空气流通。为了让室内空气不过分干燥，可以在宝宝的房间里放一个加湿器，或者在通气处挂一条湿毛巾，以增加空气的湿度。

另外，家长要陪在宝宝身边，并密切观察，随时注意宝宝有无并发症状。

❷ 秋季腹泻

秋季腹泻主要是由轮状病毒感染引起的，多发于每年 9 ～ 11 月，发病者多见于 4 岁以下尤其是半岁以内的婴儿。由于婴儿胃肠功能较弱，胃液及消化液相对较少，胃肠道的抵抗力差，很容易感染此类病毒。

表现症状为咳嗽、发热、咽部疼痛、呕吐、腹痛等。大便每日数次，多为水样或者蛋花样，年龄大些的婴儿大便呈喷射状，无特殊腥味及黏稠脓血。由于频繁腹泻与呕吐，食欲低下，患儿容易出现不同程度的脱水现象。严重者可出现电解质紊乱，还可合并脑炎、肠出血、肠套叠而危及生命。

对秋季腹泻的病症需加强综合护理：调节饮食，轻者不必禁食，应尽量减少哺乳的次数，缩短喂乳的时间，停吃奶制品、麦乳精、巧克力等不易消化的食物，可饮用盐水、米汤等；病症重者应禁食 6 ～ 24 小时，待症状缓解后，可逐步恢复饮食，进食必须由少到多，由稀到干。对轻度脱水的患儿，可用口服补盐液调治；脱水严重的，应及时到医院静脉输液，以纠正电解质紊乱。做好大便后的清洁，每次大便后用温水清洗肛门。不可乱用抗生素，防止出现不良后果。

（二）健康检查

对此阶段的宝宝，除了例行的检查外，特别要注意宝宝进食固体食物的能力及走路的能力；定期检查宝宝的牙齿，最好每隔 3～6 个月就带宝宝去牙科做一次检查。

（三）免疫接种

按照儿童免疫规划内容，13～15 个月的宝宝没有必须接种的疫苗，但此时可以接种自费的水痘疫苗。水痘可以通过飞沫或接触传染，在接种水痘疫苗以前，大多数幼儿都对水痘易感。患了水痘，不仅会发热，而且会起皮疹或痘疹，有些水痘感染后还会留下斑痕，如果留在面部会影响宝宝的容貌。自接种水痘疫苗以来，水痘的发病率明显降低。所以，建议家长还是给宝宝接种水痘疫苗为好。水痘疫苗是一种很安全的疫苗，不良反应发生率很低。

第三节　宝宝的发展

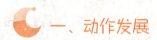

一、动作发展

（一）动作发展状况

技能和力量是 1 岁以后宝宝动作发展的重点。

❶ 站立是行走的前提

满 1 周岁的宝宝，大多数能够独站几秒，只要能够独自站立了，接着就可以独自行走了。宝宝 1 岁时可以扶着家具走；到了 13 个月，牵一只手可以走；14 个月就可以独自走几步了。

❷ 学习掌控身体平衡

行走本身就是平衡协调动作。宝宝开始站立行走时，通常双臂张开以保持身体平衡，双腿分开，使得基底变大。当宝宝能够独自走几步后，上臂有时高举，有时放下，双腿分开的距离逐渐变小，使得基底随之变小，于是逐步掌握了行走中身体的平衡。掌握平衡之后，宝宝能扶着栏杆抬起一只脚，能拉着玩具侧着或倒退走。

❸ 学走过程的个体差异

宝宝成长的节奏是有明显的个体差异的，有的宝宝在这时可能还不会走。遇到这种情况，家长不必着急，只要宝宝是在不断地发展，并没有明显的发育停滞，家长就不要焦虑。另外，对于学习走路的宝宝，摔跤也是正常现象，这是其掌握自身平衡的过程。父母不必过分担心和过度安慰宝宝，这样会使宝宝产生恐惧或委屈心理。

（二）动作训练要点

❶ 下肢动作的训练

"蹲"可以很好地训练下肢动作，因为这一动作反映了宝宝的膝部控制能力和身体平衡能力。"蹲"动作的完成，需要下肢发育正常，下肢关节活动自如，髋部、腰部及下肢有良好的控制能力。这些部位的控制能力和活动能力是学习行走的重要条件。

❷ 站立的训练

站立的前提是下肢活动自如，手有抓握能力。初期站立时，由于宝宝的臀部摇摆不定，因此站不稳，站的时间短。成人可用双手按住宝宝的臀部并施加压力，以增强其下肢的感觉。当站立时，宝宝的臀部稳定、下肢能够有支撑力，身体能够保持平衡状态，就可以迈步行走了。

❸ 走的训练

走是一种平衡协调运动，宝宝在学习走路的初期，身体平衡能力不足，所以走路时两脚分开，步子较大。只有当宝宝的身体有了足够的平衡能力，具备了一定的空间概念，能够明白简单的指令，同时双手握放能力、下肢发育达到一定水平的情况下，走路才会自如。

（三）动作发展游戏

妈妈应该尝试在宝宝学习走路的过程中搭建一个又一个小的过渡，让宝宝逐渐从独站、有支撑的走路过渡到独自走路，并通过情境变化增加宝宝学走路的兴趣，促进其体验成功。下面，按照学步的不同阶段介绍一些学步游戏。

【游戏一】

名称：逐步减少支撑的站立游戏

目的：锻炼宝宝的大肌肉力量和平衡能力，为学步打好基础。

方法一：扶靠站。这应该是学步的前提，也许有些宝宝进入 1 岁时已经完成了这一步。把宝宝放在床边或者沙发边上，在床上或者沙发上放上玩具，让宝宝自己站着玩儿，靠身体与胳膊的扶靠支撑宝宝的身体，让他在玩耍中树立站立的自信心。

方法二：贴饼饼。这是比较传统的独站游戏，也是比前面扶靠站更加独立的站立游戏，在上一个游戏比较熟练的基础上，可以进行该游戏。妈妈把宝宝抱到墙根或柜子旁边，脸朝外，让宝宝站立，此时宝宝只能借力于墙面对其背部的支撑，对其平衡性的要求更高。宝宝熟悉这个游戏之后，家长可以逗引宝宝向前走几步。

【游戏二】

名称：逐步减少支撑的行走游戏

目的：锻炼宝宝的大肌肉力量和平衡能力。

方法一：扶腋走。在宝宝有了走的意识之后，家长可以扶着宝宝走，比较典型的是扶着宝宝的腋下，给宝宝一定的身体支撑，并且帮其掌握平衡。

方法二：拉手走。在扶腋走熟练之后，可以拉着宝宝的手走，进一步减少对身体的支撑，锻炼宝宝的平衡能力。在拉双手走比较熟练之后，家长可以只拉宝宝的一只手走，减少对其身体的支撑。

方法三：小脚踩大脚。与宝宝面对面，让宝宝把小脚踩在大人的脚上，两人一起走，此时宝宝得到的支撑多一层，大人可以把走的动作夸大，来回扭一扭，这样更有利于宝宝平衡能力的发展。

方法四：扶物走。在拉手走熟练之后，可以让宝宝练习独立扶物走，如扶着栏杆、沙发走，这样既可以锻炼宝宝的平衡能力，还可以增加宝宝走路的主动性，家长只要跟在其后防止意外事故发生即可。

方法五：推车（物）走。在扶物走熟练之后，可以进一步扩大这种有支撑走的范围，方法就是这个被扶之物是可以移动的，如学步车、手推车、小椅子、箱子等，让宝宝推着东西走，扩大走动范围。

方法六：抱物走。这是宝宝学走之前最为关键的一步，熟练推物走的宝宝已经不需要支撑，但是，心理上的支撑还十分需要，他们一下子还不能适应没有支撑的走路，为了帮助宝宝越过这一心理上的障碍，家长可以给宝宝一个球或者其他玩具，让他抱着走，宝宝会误以为此物会对其有支撑作用，只要稍加鼓励就会走。

随之，家长可以把这个物体越变越小，小到宝宝认为，这样的物体是不会给其支撑的，渐渐他就会越过这一心理障碍。

【游戏三】

名称：独自行走游戏

目的：锻炼宝宝独自行走的自信心，提高其平衡能力，让独自行走更加自如。

方法一：撑臂走。在抱物走熟练之后，家长可以教给宝宝伸开双臂走，用双臂来随时调节身体的平衡，随着宝宝平衡能力变强，伸出的双臂渐渐就过渡到随着身体摆动，至此，宝宝学走基本结束。

方法二：趣味走。有过照顾宝宝经验的人都知道，不会走的宝宝常常非要走，一旦会走没多久，宝宝就不喜欢走了，那种成功自身给予的刺激渐渐淡化，还处于依恋状态的宝宝特别喜欢被人抱。因此，家长要增加宝宝走路的趣味，比如与宝宝一起模仿小动物走，把双手放在屁股后面学小鸟飞以及让宝宝之间比赛谁走得快等。

二、智力发展

（一）智力发展状况

以宝宝的生理发展为基础，在大动作与精细动作发展的促进下，此阶段宝宝的认知有较大程度的发展——手眼协调能力增强，观察力和记忆力有所发展，探索行为出现，进入了真正的口语表达发展时期。

❶ 手眼协调能力得到发展

宝宝的手眼协调能力在此阶段有一定程度的发展。此时宝宝能从瓶中倒出小球，会拉拽玩具，可以堆 2～4 块积木，给他一支笔，他会自发地乱画，会用拇指和食指的指尖捡起面包屑、线等细小的物品。另外，这个年龄的宝宝对孔洞很感兴趣，且精细动作发展程度足以让他们尝试类似的游戏，如把手指、细棍或笔插进有洞洞的地方戳戳、抠抠。

❷ 对细小事物感兴趣——观察力开始发展

此阶段的宝宝进入蒙台梭利敏感期理论论述的"细小事物的敏感期"，这是宝宝观察力发展里程碑式的变化。具体来说，宝宝会关注那些"微不足道"的小东西，如小线头、头发丝、纸屑等。在行为上有如下表现：会捏起一个小线头转手又扔掉，或者是攒在一起，也会盯着一些碎纸屑不放，把一些米粒、面包屑攥在手里不松开……对此，家长不必过度紧张，只要耐心"欣赏"宝宝的这些可爱举动就好。因为一段时间过后，这些行为会自然消失。

❸ 延迟模仿能力充分发展

宝宝大约 3 个月的时候第一次出现延迟再认的能力，记忆有所显现；在 9 个月的时候出现延迟模仿能力，即先前经验在延迟一定时间后，出现对该经验的模仿行为，这也显示宝宝出现了一定的回忆能力；到现在这个阶段，其延迟模仿能力充分发展，表明宝宝的记忆尤其是长时记忆得到一定发展，这是思维发展的重要基础之一。

❹ 开始有真正意义上的探索行为

此时，宝宝处于皮亚杰认知发展阶段的第一阶段——感知运动阶段的最高水平，即三级循环反应水平，其主要表现为对不同行为进行联合和重复，这种联合不但有外部的或身体的摸索，也有内部的联合，能够使宝宝达到突然的理解和顿悟，进而实现真正意义的探索。

❺ 进入了真正的口语表达时期

此时，宝宝的语言发展进入了真正的口语表达时期，除了爸爸妈妈之外，还会说几个常见的词汇，语言使用频繁，处于语言发展的第四阶段——单词句阶段。

（二）智力培养要点

结合此时宝宝在认知方面的特点，相关训练主要包括以下几个方面。

❶ 满足宝宝的手眼协调发展

在宝宝的玩具材料中投放一些细小物品，如米粒、豆子、头发等，以丰富的环境引发宝宝对细小物品的自发把玩，促进其手眼协调能力的发展，并满足其细小事物敏感期的需求。特别值得提醒的是，投放这样的物品后宝宝必须在家长陪伴下玩耍，避免发生意外事故。

❷ 创设探究情境，鼓励探索行为

在此阶段，家长陪伴宝宝玩耍时，要格外注意宝宝的探索行为，并有意识地创设探究情境，让宝宝不断在操作中尝试、探究，发展宝宝的思维能力。比如，送给宝宝的新玩具，可以放在透明有开关的盒子里，让宝宝尝试自己取出来。

❸ 鼓励宝宝进行口语表达

在宝宝说出除爸爸妈妈之外的词汇之后，父母要鼓励宝宝不断重复新学会的词汇，并引导他说出更多新的词汇，让词语的表达渐趋稳定。这就要求父母学会在适当的时机示弱，即使懂也要装不懂，以此激发宝宝说出更多的词句。比如，宝宝指着积木嗯嗯啊啊的时候，妈妈可以不予理睬，以此激发宝宝说出"木"或"积木"，然后递给宝宝，用满足其愿望的方式强化其语言的表达。

（三）智力发展游戏

此阶段，宝宝的学习是在游戏、玩具、实际物品的操作中完成的，适宜的游戏对其认知发展有促进作用，下面分类介绍几种游戏。

❶ 手眼协调游戏

【游戏一】

名称：小小装卸工

目的：通过装卸物品，培养孩子的手眼协调能力。

方法一：运积木。给宝宝准备一个小卡车、若干小积木，和宝宝玩运积木的游戏。在装卸的过程中锻炼其手眼协调能力。

方法二：运豆豆。把矿泉水瓶改装成小货车，和宝宝一起玩运豆豆的游戏，豆豆可以根据宝宝手眼协调能力逐渐变小。比如，从玉米粒、黄豆向大米、小米过渡。

【游戏二】

名称：抠洞洞

目的：满足宝宝喜欢抠孔洞的需要，发展其手指精细动作的准确性。

方法一：尽量满足宝宝玩耍孔洞的随机需要。比如，宝宝看见垃圾桶，用小手指杵一杵下方的小洞洞，家长不要因为脏而制止，而是游戏后及时帮宝宝洗手；又如，在公园看见长椅，宝宝也许会把手掌放进去看哪个空隙大、哪个空隙小，甚至遇到两棵离得很近的树，他一定要从中间挤过去；再如，宝宝看见父母开门与锁门，也要拿着钥匙去捅门锁……类似这样的情况家长都不要制止，而是任由宝宝去探索和发现。

方法二：为宝宝选择一些提供空间探索机会的书籍。随着图书的多元发展，各种洞洞书越来越多，且适合宝宝的心理特点。宝宝可以在与图书有趣的互动中建立空间概念，实现空间探索。

❷ 探究游戏

【游戏一】

名称：拧瓶盖

目的：通过操作瓶盖，培养宝宝的探究意识与双手的配合能力。

方法：在喝光的饮料瓶里装上宝宝喜欢的物品，激发宝宝拧开倒出来自己玩耍，选择的饮料瓶盖要从大到小、从易到难，给宝宝不断更新游戏材料，让宝宝始终对玩具有新鲜感，始终能自我挑战。

【游戏二】

名称：摸摸猜猜

目的：引导宝宝通过触觉进行思考，提高其思维水平。

方法：把塑料玩具或毛绒玩具，如小青蛙、小鸭子、小鸡、小狗、小猫、小牛、小老虎等，分别放在不同开口的袋子或盒子里，让宝宝去摸一摸，然后让宝宝模仿该种动物的叫声，说出袋子里面放的是什么。

❸ 语言游戏

【游戏一】

名称：学说话

目的：培养宝宝的语言表达能力。

方法一：让宝宝看图片，一张图表现一个字或词，信息单一，视觉效果好，家长边看边说字或词给宝宝听。通过视听结合的形式向宝宝传输语言信息，在不断重复刺激大脑皮层和视觉神经的情况下，激发宝宝学习说话的兴趣。

方法二：在日常生活中，引导宝宝发重叠音，如"宝宝、妈妈、爸爸、爷爷、奶奶、哥哥、姐姐、妹妹、抱抱"等。在家人要抱宝宝时，要鼓励宝宝说出要抱他的人的称呼，也可以指认或看人的相片，问宝宝"这是谁？""他是谁？"说对了及时鼓励说："宝宝说得真对！"

【游戏二】

名称：亲子阅读

目的：训练宝宝简单的阅读能力，锻炼宝宝的注意力。

方法：准备适合宝宝阅读的绘本。妈妈和宝宝一起阅读，一边阅读一边给宝宝讲。讲解时要简单有趣，声情并茂，还可以学着故事中的人物、动物发出不同的声音和演示各种不同的动作。讲解中也可以用提问的方式让宝宝了解书中的故事。妈妈还可以提问宝宝一个字、一个词能回答的问题，激发宝宝的口头语言表达能力。

三、社会情感发展

（一）社会情感发展状况

❶ 愿意倾听，渴望理解

一岁多的宝宝，虽然能够说出的词语很少，但是语言理解能力不断提高，会倾听大人说的话，而且摆出一副已经理解的认真态度。因此，有的妈妈会说："我家宝宝就是不会说，其实他什么都懂啊。"不但愿意倾听，宝宝还渴望被理解。由于语言表达能力有限，宝宝常通过身体语言和表情达到沟通的目的。倘若此时父母一头雾水、答非所问，宝宝可能会大发脾气。

❷ 体会独立，要求自主

断奶和行走，是很多宝宝在这段时间的大事。断奶是宝宝走向独立的重大标志，他不再依靠妈妈的乳房摄取营养了，而是需要自己动手、汲取外物来满足自己。行走，也让宝宝体会到自己的能力。他可以不需要父母抱着而走向自己想去的地方，看到的世界也不是趴着时那么低矮了。能够自主移动，能够接触更多新鲜的事物，使得宝宝的独立意识和自主意识增强。因此，从现在开始，宝宝会表现出越来越多主动的、积极的探索行为。如果此时父母阻拦宝宝的这些自发行为，宝宝可能会大发脾气。

❸ 依恋类型可能发生转变

在 1 ～ 1.5 岁时，有些宝宝会改变与妈妈的依恋类型。这是宝宝的先天气质类型与妈妈的养育行为共同作用的结果。比如，一个天生抚育困难的孩子，在早期很容易与妈妈形成不安全的依恋关系，但如果妈妈总是关心他，对他的需要总能及时恰当地做出反应，宝宝就能发展出对妈妈的信任和亲近，转变为安全型依恋。同样，一个天生抚育容易的孩子，本与妈妈形成了安全的依恋关系，但如果妈妈对他关心不够，看不到他的需要，或者常常不能正确满足其需求，他就会回避和反抗妈妈，转变成不安全型依恋。

（二）社会情感培养要点

❶ 倾听宝宝的需要

倾听宝宝的需要，首先父母需要拥有一颗谦卑的心，否则根本"听不着"。很多父母知道要"尊重宝宝"，但在实际生活中，却觉得宝宝小，什么都不懂。于是，无视宝宝的自主探索行为，任意打断或转移他正在做的事。宝宝反抗，还认为他脾气坏、不听话。殊不知，正是父母剥夺了宝宝的自我探索与成长的机会，宝宝在本能地反抗。因此，父母平时多积累一些儿童成长的知识是有必要的，它能让父母更懂宝宝。其次，父母要拥有一双敏锐的眼睛。善于观察宝宝的父母，更容易通过生活中的点滴积累起对宝宝的认识。当宝宝哭闹、指手画脚时，也更容易判断出宝宝的意图，从而给予适宜的反馈。若读不懂宝宝什么意思，如何进行适合的教育呢？因此，不要着急"指挥""引导"宝宝，先看清宝宝本来的样子、听清宝宝的需要再行动，这是爸爸妈妈的必修课。

❷ 父母做好自身的情绪管理

几乎没有父母会故意冷落宝宝，常见的问题是父母自身的情绪不佳影响了抚育质量。比如，有些妈妈深陷抑郁，宝宝发出的信号她即便看到了也没精神理睬，她也不相信自己能带好宝宝，因此，极容易放弃努力。还有的妈妈急性子加完美主义，潜意识希望宝宝的成长顺风顺水，当宝宝没按自己的愿望发展时就焦躁恼怒。

对于前者，为了宝宝和自身的成长，父母该主动调节自己。若有困难，可以找专业人士帮助。对于后者，需牢记：宝宝的一切表现都是他的自然成长，抚育的过程也必然会有烦恼，不妨接受宝宝的现状，认真去分析、总结、尝试，慢慢就能摸清宝宝的脾气和与他相处的方法。

❸ 对宝宝的不良情绪及时关注

父母帮助宝宝调节情绪的方式会影响宝宝情绪自我调节的风格。如果父母总是充满爱心地观察宝宝的情绪状态并做出相应的反应，宝宝就会变得更愉快，更专心地探索，更容易被安抚。相反，如果父母总是到宝宝变得极度激动时才给予关注，宝宝的嫉妒、忧伤会迅速飙升，使得父母需要花更多的精力和时间去安抚他，而宝宝也难以学习到如何使自己平静下来。也就是说，如果父母没有为宝宝提供能让他体验调节情绪的机会，宝宝缓解情绪的能力就很难得到发展，很容易形成焦虑的、一发不可收拾的情绪反应。

（三）亲子游戏

【游戏一】

名称：找朋友

目的：培养宝宝的交往能力和音乐节奏感。

方法一：尝试在生活中给宝宝找一些固定的玩伴。

方法二：引导宝宝见人能称呼人，学习打招呼、握手、再见等。

方法三：大人哼唱《找朋友》的歌曲，伴随歌曲编一些适宜宝宝的动作，和宝宝一起表演。

方法四：和熟悉的小伙伴玩"找朋友"的游戏，宝宝自己找朋友，轮流交换好朋友。

【游戏二】

名称：家庭影集

目的：锻炼宝宝的观察能力，强化其自我意识，减轻陌生焦虑。

方法：影集可以分为两个主题。

主题一：宝宝成长记录。以宝宝为主角，将他从出生至现在的各种姿势、各种表情、各种衣着的照片洗出一些来，放进影集慢慢翻看，让宝宝体会自己不同时刻的存在。

延伸活动：将宝宝穿小的衣服、布尿裤等，给毛绒玩具穿上，激发其想象力，培养其照顾他人的意识。

主题二：我遇到的人。以宝宝的生活为线索，将爸爸、妈妈、其他照看者、邻居小伙伴、来家里做客的人等与宝宝的合影以及他们的个人照，都放入影集，时常翻看，强化宝宝的社交意识，减轻陌生焦虑。

延伸活动：有意识地扩大宝宝的社会交往范围，让宝宝和小伙伴以及他们的家长多接触，提高宝宝对陌生环境及陌生人的适应能力。

【游戏三】

名称：戴、脱帽子

目的：培养宝宝的自理能力，增强其自信心。

方法一：先学习戴、脱质地半硬的鸭舌帽或草帽，再学习戴、脱质地柔软的布帽或毛线帽。先用稍大一点的帽子练习。

方法二：让宝宝给玩具小熊戴、脱帽子。

方法三：请宝宝照着镜子，将帽子戴在自己头上，再取下。

方法四：宝宝和爸爸妈妈面对面，给爸爸妈妈戴、脱帽子。

第二章

16～18个月的宝宝

第一节　宝宝的特点

 一、生活素描

走向一岁半的宝宝，爬行能力已相当高超。不仅能在水平面任意爬行，还能爬上被垛，爬上台阶，再从台阶上爬下来。走得也很稳健自如，能倒退着走，也能自己扶着栏杆一级一级上楼梯，还有的宝宝可以跟跟跄跄地跑几步（此时不是真正意义上的跑，是维持平衡的被动跑），但很快就摔倒在地上了。宝宝对球很感兴趣，喜欢扔球和抬脚踢大皮球。不过，由于方位知觉判断以及对大肌肉的控制等都还不够准确，宝宝在运动中经常会出现踢球踢不准、做扔球动作但球还在手里、上台阶腿抬得不够高、想迈过障碍物却踩到上面等现象。

该阶段的宝宝，小肌肉的动作也进步神速。比如，喜欢拿着笔在纸上乱涂乱画，不过，若家长画一条线，他也能模仿着画一条，尽管画得不十分像。他还喜欢搭积木，能把积木基本排成"火车"，还能搭两三层高。他还会用手按开关、按门铃。如果包上的拉链比较松滑，他就会用手拉包上的拉链，但很难拉下自己衣服上的拉链。

这个阶段，父母说儿歌，宝宝能跟读最后一个字，比如《咏鹅》，他会跟读"鹅""歌""水""波"。他能大致听懂和他相关的所有话了。基本不会再无意识发音，能够用单字或词与成人交流，表达需求。到一岁半时，语言发展好的宝宝，可以出现两个词组合在一起的句子，如"妈妈抱""宝宝鞋"等。在书面语言方面，宝宝很喜欢听故事。如果家长从小就和宝宝一起阅读的话，到这个阶段他就很享受这种时光，而且能安静地听家长读完一个简短

的故事。

在父母的谆谆教诲下，宝宝能知道什么能吃、什么不能吃。但这不意味着家长可以放松警惕。这个阶段宝宝建立起了归属意识。常用的物品，宝宝能指出哪个是他的，哪个是爸爸的或妈妈的。能辨别圆形、正方形、三角形了。能够理解简单的因果关系，如知道朝自己的方向拉动毛巾，毛巾上的玩具就会滑向自己。

此阶段，宝宝已经明显地表现出不同的气质类型，也就是我们常说的宝宝"天生的样子"。比如，有的宝宝安静、不爱动，喜欢阅读、玩拼摆、画画等安静的游戏；有的宝宝则好动、精力旺盛，喜欢到处走、爬，碰碰摸摸。有的宝宝高兴、不高兴都不太明显，有的则大笑大哭。由于有了物权意识，宝宝开始护玩具了。当别的宝宝抢他的玩具时，他会不给。另外，宝宝除了依恋妈妈和家人，还可能依恋某个常用的物品，如小棉被、洋娃娃等，时刻带在身边，才感到安全。宝宝的脾气也渐长。事情不按他的意愿来，或者通常进行的事情换了方式做，他都可能大发雷霆。

宝宝的自理能力越来越强了。对做家务表现出极大的兴趣。经常会模仿妈妈的样子擦桌子、扫地，只是模仿得不太像。还能够按照妈妈的吩咐拿来东西，俨然是妈妈的小帮手。他还能够自己脱下袜子。能主动向父母表示自己要便便了。

适合宝宝的玩具：

• 各种大小和质地不同的球

• 可以骑坐、摇动的玩具

• 沙滩玩具：小桶、小铲子、撒壶、漏网等

• 可敲、摇、制造出声音的玩具

• 有游戏性质的书，如内页设置可推拉、可翻折环节的书，立体书等

• 积木

• 大串珠

• 日常生活用品，如勺子、小碗、毛巾等

提示与建议

1.培养宝宝的阅读习惯。宝宝对语言的理解能力不断加强，从现在开始培养宝宝的阅读习惯，对于其一生的阅读习惯养成有重要意义。习惯于阅读的宝宝，会把阅读当作一件自然而然、充满乐趣的事情。常听故事、看图书的宝宝，听力、理解能力、语言表达能力都更好，而且，在阅读中，既有对生活的体验，又有事件线索的提示、判断，还有画面的美、文学的美，这些对于宝宝的思维能力、情绪情感、审美意识都有重要的提升作用。父母不妨从现在开始，就逐渐养成亲子共读的习惯。为家里开辟专门的阅读区，每天腾出一定的时间，与宝宝一起阅读。不光和宝宝读，平时家里人也最好养成看书、读报的习惯。很难想象，一个成天玩手机、打游戏、看电视的父母，能培养出一个爱读书的宝宝。父母的榜样作用是很重要的。

2.逐步建立良好的规矩。有位妈妈曾说："宝宝的坏习惯，一不小心就养成了。若要改，可是难上加难呀。"这位妈妈，其实道出了很多父母的烦恼。有时父母觉得宝宝小，某些坏行为也就随他去了，想大些再纠正，殊不知宝宝比你想得聪明呢。宝宝会试探父母的容忍，如果一个坏行为，最初家长是含笑允许的，突然，又变得严厉呵斥起来，宝宝会很迷惑——家长曾经允许的，这说明家长可以允许；突然又变脸，这说明爸爸妈妈没有原则，爸爸妈妈可以商量。爸爸妈妈的威信就在这变来变去中消失殆尽。那些要赖皮、不听管的宝宝，常对应的是原则不清、执行多变的父母。所以，父母要尽早确立适宜的、以后基本不会变的家规，让宝宝在人之初就执行。一直都做的事，在宝宝那里就成了规矩，成了良好的习惯。

 二、成长指标

（一）体格发育指标

体格发育参考值

项　　目		体重（千克）			身长（厘米）			头围（厘米）		
		−2SD	平均值	+2SD	−2SD	平均值	+2SD	−2SD	平均值	+2SD
16个月	男	8.4	10.5	13.1	75.0	80.2	85.4	44.4	47.0	49.6
	女	7.7	9.8	12.6	73.0	78.6	84.2	43.1	45.9	48.6
17个月	男	8.6	10.7	13.4	76.0	81.2	86.5	44.6	47.2	49.8
	女	7.9	10.0	12.9	74.0	79.7	85.4	43.3	46.1	48.8
18个月	男	8.8	10.9	13.7	76.9	82.3	87.7	44.7	47.4	50.0
	女	8.1	10.2	13.2	74.9	80.7	86.5	43.5	46.2	49.0
出牙		乳牙萌出2～4颗，共8～12颗 白色代表已萌出的小牙 灰色代表正在萌出的小牙					18个月			

注：本表体重、身长、头围摘自世界卫生组织"2006年儿童体重、身长（高）、头围评价标准"，身长取卧位测量，SD为标准差。

（二）能力发展要点

能力发展要点

领域能力	16个月	17个月	18个月
大运动	独走自如，能停能走；能扶栏杆上楼梯	牵手能单脚站立2秒；会踢球	会跑，但是不稳；能用力抛球
精细动作	能抓住蜡笔涂画；会涂抹湿软的东西	能盖上瓶盖，但不严；能用勺吃饭	能用方木搭4层

（续表）

领域能力	16个月	17个月	18个月
语言	能说出10个有意义的字	会用名字称呼伙伴	会有目的地说"再见"；会自言自语
认知	能按要求指出身体部位名称	能在一堆物品里挑出不同的；会模仿推四块方木排成的火车	出现假装动作，如假装打电话；知道简单的因果关系
社交情感	对黑暗或某些动物产生恐惧	能模仿做家务；会执行简单的命令	坚持独立做事

第二节　养育指南

一、科学喂养

（一）营养需求

随着年龄的增长，宝宝对热量和蛋白质的需要量有所增加，但增加的幅度要远远低于婴儿期；对脂肪的需要量随着年龄增长不但没有增加，反而有所降低，但吃的食物种类增多了。

为了满足宝宝每日营养素的供给，每日膳食中要包括四大类食物：奶、鱼、肉、蛋类；大豆、豆制品；粮食类；蔬菜和水果类。这样的膳食才比较合理和接近平衡膳食的条件。

宝宝一日食物参考

食品种类	食品名称	每日用量（克）
谷类	面粉、米、玉米面、小米、挂面、饼干等	150～180
豆制品类	豆腐、豆干、豆粉等	25～50

（续表）

食品种类	食品名称	每日用量（克）
肉类	鱼、鸡、肝、瘦肉等	40～50
蛋	鸡蛋、鹌鹑蛋等	40
蔬菜、鲜豆（绿叶菜占1/2）	青菜、小白菜、胡萝卜、柿子椒、油菜、芹菜、西红柿、大豆、扁豆、豌豆等	150～250
水果	苹果、梨、香蕉、橙子、柑橘、猕猴桃等	50～100
白糖		10～20
植物油		10
牛奶或豆浆		250～500（毫升）

注：50克 =1 两。

（二）喂养技巧

1 控制糖分

糖果对宝宝有很大的诱惑力，但过量的糖分对宝宝的牙齿有害，而且吃多了不容易产生饥饿感，却容易肥胖。所以，要控制宝宝对甜食的摄入。有专家指出：含糖量高的食品影响人体对钙的吸收，使眼球壁变软，从而使眼球变长，形成近视。虽然宝宝天生喜欢甜食，但仍要保持最少的给予量。

2 进食问题

出现以下情况，家长就要注意纠正了：宝宝边走边吃，哄着才能吃几口，一天不吃也不知道饿；偏食得厉害，或不吃蛋，或不吃肉，或不吃蔬菜；食量小，别的宝宝能吃一碗饭，自己的宝宝只吃一口饭；别的宝宝能喝一大瓶奶，自己的宝宝只喝几十毫升奶；只喝奶不吃饭，或只吃饭不喝奶；迷迷糊糊睡觉时才能对付着喂点奶；宝宝

提示与建议

营养品不可过多

维生素A、维生素D、维生素E是脂溶性的，过多服用可在体内蓄积，引起中毒。铁、锌、钙等矿物质在体内需要保持平衡，超量补充某种元素会影响其他元素的吸收和利用。蛋白质是宝宝生长发育不可缺少的，但摄入过多会产生废物，加重肾脏负担。DHA、AA摄入过多会产生过氧化物，破坏组织细胞的完整性和稳定性。因此，给宝宝服用营养品，适可而止，不可过多。

走路还不是很好，走路腿不直，脚尖往里拐或往外撇，指甲上有白斑，爱吃泥土或墙皮等。临床统计数据表明，进食问题增加、厌食症发生率升高，几乎都是经年累月的喂养方式不当造成的。所以，宝宝表现出来的问题有些并不是宝宝自身的问题，更不能说明宝宝有什么器质性疾病，而是不当的喂养方式造成的。

❸ 要喝白开水

不爱喝白开水的宝宝，绝大多数出生后就没喝过白开水，喝的都是甜钙水和甜的常用药品。现在为婴幼儿生产的药物都很甜，甚至比糖还甜，原料中都加入了蔗糖、葡萄糖、糖精和香料等。对于宝宝来说，生病时所喝的不再是苦口良药，而是甜水，散发着各种诱人的味道，有苹果味、橘子味、草莓味等。这虽然解决了宝宝吃药难的问题，但代价是宝宝不爱喝白开水、不吃不甜的食物。由此带来了牙齿损坏、胃酸增多、食欲下降、体重超标以及营养不均衡的问题。因此，建议妈妈从第一口水开始，就给宝宝喝白开水，白开水会使妈妈和宝宝受益无穷。

（三）宝宝餐桌

通常，一岁多的宝宝对食物开始挑剔，家长为宝宝烹调食物时，不仅要考虑适合宝宝的消化功能，同时要注意干稀、甜咸、荤素之间的合理搭配，还要注意食物的色、香、味、形，以促进宝宝的食欲。

红薯奶酪球

原料：红薯 100 克，儿童奶酪 25 克。

制作方法：将红薯洗净去皮，切成块放入蒸锅中蒸软，取出后捣成泥，加入儿童奶酪拌匀成红薯泥。用手掌将红薯泥揉成小球，将儿童奶酪盛入保鲜袋中，用剪刀将保鲜袋一角剪个小口，将奶酪挤在红薯奶酪球上。

说明：奶酪营养丰富，和红薯搭配，可弥补红薯所缺少的蛋白质和脂肪，营养更全面。红薯含有丰富的钾、铁、铜、硒、钙等微量元素以及糖类、膳食纤维、胡萝卜素、维生素。但红薯容易使人胀气，脾胃不好、容易积食的宝宝最好少吃。

糙米甜饭团

原料：糙米 70 克，糯米 30 克，葡萄干 30 克，糖 1 小勺，橄榄油 1 小勺，清水适量。

制作方法：将糙米和糯米淘洗干净，浸泡 6 小时以上。将糙米、糯米、葡萄干倒入电饭锅中，加入适量的水、1 勺橄榄油。等电饭锅跳闸后再焖一会儿。在蒸好的饭中加入 1 勺糖调味，将一块保鲜膜放在手上，取一些饭放在手掌中间，把保鲜膜四边收包紧，做成饭团。

说明：糙米的最大特点是含有胚芽，其中维生素和纤维素的含量都很高。糙米富含人体每个器官都不可或缺的 B 族维生素，可促进肠道有益菌的增殖，也能加速肠道蠕动，软化粪便。

毛豆香芹羹

原料：鲜毛豆 120 克，西芹 50 克，姜 5 克，橄榄油 1 匙，盐少许，清水适量。

制作方法：将毛豆去皮取豆，洗净焯熟备用。西芹洗净、切碎。姜去皮切碎备用。把准备好的上述材料一同放入搅拌机中，倒入适量清水搅拌。倒出搅拌好的豆羹，加入 1 匙橄榄油和盐调味，中火煮开锅后，用勺不停地搅拌，再煮 5 分钟后关火盛出，撒上一些西芹碎即可。

说明：毛豆含有丰富的植物蛋白、矿物质、维生素及膳食纤维。其中，蛋白质不但含量高且优质，易于被人体吸收利用。夏天常吃，可以帮助弥补因出汗过多而导致的钾流失，从而缓解由于钾的流失而引发的疲惫无力和食欲下降。

鱼糜青菜钵

原料：黄花鱼 200 克，小白菜 100 克，蛋清 1 个，油 2 茶匙，淀粉 2 茶匙，盐 1 小勺，葱丝、姜丝，清水少许。

制作方法：将黄花鱼离骨、去皮、去刺，洗净，沥干水分后切成小丁；在鱼丁中加入蛋清、盐、少量淀粉抓拌均匀。小白菜切丝备用。炒锅中倒入油，大火烧至五成热时，放入腌好的鱼丁，翻炒至熟。水中加入葱姜丝烧开，加入熟鱼丁。取 2 茶匙的淀粉用少许清水融开后倒入汤中，煮开后放入青菜，再次煮沸后加入适量的盐调味即可。

说明：鱼肉具有滋补、健胃、消肿、清热、解毒、下气的作用，还可以为宝宝提供优质的蛋白、不饱和脂肪酸、维生素、叶酸和钙、铁、锌、硒等营养物质。

二、生活护理

（一）吃喝

一岁多是宝宝逐渐脱离奶瓶、学习使用杯子的时候了。学习使用杯子的过程，就是锻炼宝宝生活自理能力的过程。在这个过程中，他不仅能够体验到"我能行"的成就感，获得自信，还能使手部肌肉力量和手眼协调能力得到发展。在教宝宝使用杯子喝水时，要注意以下几点。

❶ 要选对时机

当宝宝对大人喝水的动作或杯子感兴趣时，就可以尝试给他用杯子。每天至少3次用杯子给他喂水。

❷ 要选对杯子

为宝宝选择带有两个"小耳朵"的学饮杯，方便他自己端，对于提高他使用杯子的技能和信心有好处。当宝宝能把杯子端稳时，再去掉"耳朵"，直接用杯子喝水。

❸ 杯中水量要适中

初期，每次只给10毫升的水，因为水量小，一是不会洒，二是不至于呛着他。

当宝宝用杯子喝水的技巧已经成熟，较少洒漏时，就可以让他用杯子喝奶了。先从少量开始，喝完再添。让宝宝觉得自己像个"大人"一样，产生更多自我服务的欲望。

（二）拉撒

两岁内的宝宝神经系统发育还不完善，夜间尿床是正常现象。为减少宝宝夜间尿床的次数，可尝试以下办法。

❶ 晚餐不要太咸，控制汤水、牛奶等液体的摄入量

❷ 建立合理的生活制度，避免过度疲劳以致夜间睡得太熟

睡前不宜过于兴奋，必须小便后再上床睡觉，夜间睡眠太熟的宝宝，白天可以让他多睡会儿。

❸ 注意观察

注意观察宝宝尿床的时间，以便于及时唤醒把尿，宝宝尿床后，不要责备、恐吓，以免造成紧张、恐惧心理。

❹ 加强训练

白天可训练宝宝有意控制排便的能力，如当宝宝要小便时，可酌情让他等几秒钟再小便等。

（三）睡眠

随着宝宝运动能力和好奇心的增加，家长要对宝宝的睡眠安全问题引起足够的重视，可参考如下提示。

❶ 尽量让宝宝的床简洁

清除婴儿床内的一切杂物，注意床内不要有细绳或睡衣带子之类的东西，以防宝宝晚上翻身时勒到脖子或手脚。

❷ 清除床上的装饰物

仔细抚摸一遍婴儿床，看看有没有毛刺、尖锐物，千万别用曲别针或别针类的东西在宝宝床上挂玩具或者图片。

❸ 清除床内的玩具

让宝宝养成抱着毛绒玩具睡觉的习惯并不好，由于毛绒玩具多含化纤成分，容易产生静电吸附灰尘和一些细菌。而且，床内玩具会吸引睡眼惺忪的宝宝，减少他的睡眠时间。

❹ 调高护栏位置

宝宝有时睡眠不安，半夜会醒来，如果爸爸妈妈睡眠较深不能及时醒来，

宝宝有可能调皮地翻出床外。所以，随着宝宝个头越来越高，爸爸妈妈要及时调整护栏位置，以防宝宝跌落、摔伤。

（四）其他

① 学走期宝宝的"O形腿"和"扁平足"为正常现象

开始学走路的宝宝，小腿内弯且两膝间隔大，好像是"O形腿"，这个现象需等到下背部及腿部肌肉发育完全才会消失，除非两岁以后仍严重弯曲或弯曲程度增加则需就医，否则不需太过担心。有些宝宝的脚底很厚且平坦，怀疑是否为"扁平足"，其实97%的宝宝在一岁半前均为扁平足，大部分不需矫正，在12岁以后可以自行恢复正常，宝宝偶尔会出现踮脚尖走路的现象，这个动作可以强化内侧脚弓，不需太担心。

② 宝宝的衣着选择

此时期宝宝可以逐渐学习自己穿、脱衣服。衣服不要有许多带子、扣子，内衣可为圆领衫，外衣钉两三个大纽扣即可，方便宝宝扣和解。

为宝宝选择衣服时要注意，上衣要稍长，避免活动时露出肚子着凉。同时注意衣服不宜过肥过长、过瘦过小，否则会影响动作的伸展。衣领不宜太紧太高，以免影响呼吸、限制头部的活动。裤子的松紧度要适中，方便脱穿及活动。女孩不宜穿太长的裙子，以免活动时，踩到裙角以致摔伤。

💡 提示与建议

1. 进食固体食物。如果宝宝现在还不能吃固体食物，请看医生，排除疾病情况。如果没有疾病，父母什么理由都不要再找了，立即行动起来，勇敢地把固体食物拿给宝宝吃，慢慢地锻炼宝宝吃固体食物的能力，不要怕宝宝噎着。如果再不锻炼，宝宝不但可能不会咀嚼，还可能不会吞咽食物，而且会常常呛食，甚至把食物呛到气管中。锻炼宝宝咀嚼和吞咽能力，以及两者的协调能力，不仅仅是为了宝宝的吃，也是为了宝宝的语言发育。咀嚼和吞咽能力的协调，对宝宝语言发育有重要的作用。

2. 偶尔尿床仍属正常。即便在训练排便期间，宝宝还是有可能在夜间睡觉时尿床。有些宝宝甚至上小学后还会偶尔尿床。这是因为膀胱的容量、肌肉训练以及饮食习惯都会影响训练的成果。如果晚上睡前再喝些水或奶，半夜尿尿的概率就提高不少。对于易尿床的宝宝，晚上一定要少喝水，睡前一定要小便，家长在夜间注意叫醒宝宝去小马桶上尿尿。另外，家长不必因为孩子尿床而有压力，随着年龄的增长，尿床的现象一定会减少，最后消失。

3. 防止伤害和窒息。宝宝的咀嚼吞咽功能还不完善，给宝宝吃橘子、苹果、桃、杏等瓜果时一定要先去核。花生、核桃、瓜子、炒豆不宜让宝宝吃。鱼肉等要去刺去骨，以免卡住宝宝的喉咙、食管或呛入气管引起伤害和窒息。

三、保健医生

（一）常见疾病

❶ 婴幼儿脐疝

婴幼儿脐疝是一种先天性发育缺陷性疾病。婴儿脐带脱落后，脐部瘢痕是一处先天性薄弱处，且在婴儿时期两侧腹直肌前后鞘在脐部未合拢，留有缺损，形成脐疝发生的条件。各种使腹腔内压力增高的原因，如咳嗽、腹泻、哭闹过多等，皆能促使脐疝的发生。

病症主要表现为脐部有肿物凸出，哭闹时肿物增大，皮肤紧张、很薄、呈微青色，安静平卧或睡眠时肿物缩小消失。脐部留有松弛的皱褶，当小儿咳嗽、哭闹、用力时手指可有冲击感。

随着年龄的增长，该病逐渐减少，大多数可在两岁内自愈。

❷ 哮喘

哮喘是呼吸道变态反应性疾病，以反复发作性呼吸困难伴喘鸣音为特征。哮喘的发生与气候有关，多发生在春秋季节，而且哮喘的发生还有遗传倾向。其主要症状是呼气性呼吸困难，呼气时腹部内陷，持续咳嗽，有喘憋、胸痛和窒息的感觉，严重时还会出现缺氧、口唇发绀。引起宝宝呼吸道过敏的物质因人而异，一般是花粉、粉尘等空气中的悬浮物质。

如果宝宝得了哮喘，首先应该在医生指导下进行系统规范的治疗。当哮喘发作时，不要让宝宝平躺在床上，要让宝宝上半身保持直立的姿势，这样有助于气道畅通，减轻胸部的压力，缓解胸闷；还需要安抚好宝宝，让宝宝保持安静，不要恐惧。平时应给宝宝准备富含蛋白质、维生素、微量元素的食物，给宝宝补充营养，增加抵抗力，减少疾病的发作。同时，要观察并记录疾病发生的时间、季节、环境，从中分析出哮喘发生的原因，找到过敏源。此外，不要让宝宝过度疲劳。平时要随身携带医生给宝宝开的止喘药，一旦疾病发生，立即用药缓解。

哮喘是一种慢性病，需要长期规律治疗，一定要遵照医生的嘱咐，坚持治疗，定期吃药，加强活动，以期恢复健康。

（二）健康检查

这是宝宝的第六次健康体检。此次体检内容主要还是看宝宝的发育是否正常，是否存在视力、贫血等健康隐患。

视力自查：一岁半的宝宝可能不能明白、清楚地告诉父母他看不见，那么父母就要细心观察，很多现象可以帮助家长早期发现宝宝的视力问题，如果宝宝有以下情况，就得带宝宝去专业机构检查了。

宝宝对光照无反应，头不会转向明亮处；对周围事物反应淡漠，父母说话或玩具声音都不能引起宝宝兴趣；常有用手挤压眼睛的动作；看上去眼神不太对劲，如眼球不稳定，时而摇晃，或无目的地转动，像在搜寻什么目标；仅用一只眼注视目标，看电视或图书时歪头眯眼，或距离过近。

（三）免疫接种

免疫接种

时间	疫苗	可预防的传染病	注意事项
1.5岁	百白破（第四剂）	百日咳、白喉、破伤风	1.注射疫苗前保持左上臂干燥清洁 2.接种前最好给孩子洗澡，换上干净内衣；刚打过针应注意休息片刻，不要做剧烈活动
	麻腮风（第一剂）	麻疹、腮腺炎、风疹	

第三节　宝宝的发展

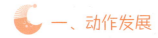

一、动作发展

（一）动作发展状况

此阶段，宝宝大动作发展的核心基本围绕着平衡、动态与静态进行，即行走时的平衡与站立时的平衡。与此阶段的初期相比，经过 3 个月的发展，末期能感觉到宝宝动作发展有明显的进步。

❶ 宝宝走路的特点

大部分宝宝在这个阶段已经会走路，但是这个阶段的初期走路还是不稳，步子显得僵硬，头略向前，前脚掌着地，走得很快，看上去走和跑很像。其实并非如此，此时孩子的跑是被动的，是维持身体平衡的不得已，因此跑是无意识的、僵硬的，更不能躲避障碍物。

此阶段初期，宝宝走路之所以呈现这种状况，这是他自身特点决定的。首先，从生理上看，此时宝宝身体各部位的比例依然是头比较大，与成人比例不同，所以，头重脚轻对维持平衡造成了困扰。其次，宝宝的骨骼肌肉还比较嫩，力量不够，不能起到很强的支撑作用。最后，身体的协调能力还在锻炼之中，需要提高。

到此阶段的末期，宝宝走路趋向稳定，可以有意识地走和停。并且，在成人提供模仿的情况下，宝宝可以倒退走，也可以扶着栏杆上楼梯，有些平衡能力发展较好的宝宝，在此阶段的末期可以出现踢球动作。

❷ 基本可以自蹲自站

很多妈妈发现，宝宝不会站就会"跑"了，其实宝宝是用"跑"维持平衡。随着平衡能力的增强，宝宝会渐渐地让自己慢下来，并且同时会自己蹲下再自己站起来。也就是说，与宝宝能自如地独自走同时发展起来的动作是蹲站自如，宝宝掌握运动与静止的平衡基本是在同一时段实现的。

（二）动作训练要点

❶ 保护性踏步训练

当宝宝的身体重心偏移时，产生自然踏步的反应，可防止跌倒，称为保护性踏步反应。平时家长可以与宝宝做一些踏步游戏，以增强肢体运动感，为宝宝走路趋向平稳做一些能力上的准备。

❷ 平衡能力训练

人的任何运动几乎都是在维持身体平衡的状态下进行的，尤其是大肌肉的活动，更需要有较好的平衡能力才能胜任。发展平衡能力有利于提高运动器官的功能和前庭器官的机能，改善中枢神经系统对肌肉组织与内脏器官的调节功能，保证身体活动的顺利进行，提高适应复杂环境的能力和自我保护的能力，发展平衡能力一般可以通过静态的平衡活动和动态的平衡活动来进行。

（三）动作训练游戏

❶ 保护性踏步游戏

【游戏一】

名称：推物走

目的：通过创设情境，激发宝宝的保护性踏步反应，增强其肢体运动感。

方法一：推学步车走路。现在市场上有各种各样的学步车，其中，置于宝宝前方，让宝宝推着走路的学步车是最有锻炼价值的，因为这样推行走路会增强宝宝踏步的感觉。为吸引宝宝爱推学步车，家长可以为他选择那种随着推行而有声音、有旋律、有动感的学步车，以形象刺激的互动激发宝宝的运动兴趣。

方法二：推凳子走路。在玩学步车比较熟练的基础上，宝宝也许会自发地推家中的凳子走路，此时家长不要制止，如果不出现这样的行为，家长还要激发宝宝推凳子走路。因为凳子不是专门的玩具，其推行中的控制和调整比学步车要难，会分散宝宝保护性踏步反应的注意力，这样的练习旨在让宝宝在无意识状态下仍然会出现保护性踏步反应，成为无意识的自我保护。

【游戏二】

名称：后踏步反应游戏

目的：让宝宝练习因为刺激后仰而出现后踏步反应，防止仰倒造成意外伤害。

方法：家长可以与宝宝玩拔河、拉大锯等游戏，当宝宝用力后拉时，成人适度地放松，引发宝宝的身体后倾，出现后踏步反应。需要提醒的是，成人的放松在力度、时间、空间上一定都是适度的，不能无限制地放松，避免引发意外伤害。

❷ 平衡能力游戏

【游戏一】

名称：荡秋千

目的：促进宝宝随着身体的变化建立方向感，增强平衡能力。

方法：建议家长常常带着宝宝去荡秋千，因为当宝宝荡秋千的时候，随着速度的加快，大脑不仅需要对腿、身体的一起一伏、位置变化进行调整，还要有方向感，知道自己在哪里、地面在哪里、哪里是高处。这对于宝宝平衡感的训练有十分重要的意义。

【游戏二】

名称：旋转木马

目的：促进宝宝随着旋转与高低变化增强身体调节能力，提高平衡能力。

方法：建议家长常常带着宝宝去坐旋转木马，木马旋转及高低变化都会调动宝宝自身的调节能力。在比较熟悉之后，建议宝宝眯着眼睛坐旋转木马，避免视觉收集信息，训练宝宝靠身体知觉自身的变化并进行调节。如果没有坐旋转木马的便利条件，普通的公共汽车也有同样的功能。

 **二、智力发展**

（一）智力发展状况

❶ 口语表达进入"电报句"阶段

此阶段，宝宝的语言表达能力在单词句阶段词汇日渐丰富的基础上会出现"电报句"的语言表达方式。所谓"电报句"，指宝宝口语表达中出现了双词或三词组合在一起的语句，这样的表达方式在表达一个意思时明显比单词句明确，不过其表现形式是断续、简略的，结构不完整，好像成人所发的电报式文件，如"吃饭饭"。在电报句中，宝宝主要使用的是名词、动词、形容词，具有语法功能的虚词（如连词、介词）则用得很少。

❷ 第二信号系统形成时期

我们常说的第一信号系统指以现实事物作为条件刺激物而形成的暂时神经联系系统，如宝宝看见妈妈下班回来，兴奋地手舞足蹈。第二信号系统指以词作为条件刺激物而形成的暂时神经联系系统，如有的宝宝听到"医生来了"就会大哭，由此可以看出，词语是"信号的信号"。值得注意的是，这种"信号的信号"，是人类所独有的，也就是说，"第二信号系统"是人类所独有的，正是它的存在，使人脑的反应机能达到了最高水平，才使人的心理以其抽象概括性和自觉能动性而大大优于动物心理，并一代代进化与发展。

人的第二信号系统的发展经历了四个阶段，16～18个月的幼儿处于第三阶段（直接刺激可以引发词的反应），如宝宝听到狗叫的声音会说"大狗生气"，丰富的直接刺激会引发多样的词的反应，这有利于推进第二信号系统向第四阶段（词语刺激可以引发词语反应）发展。

❸ 有意识的模仿行为出现

此阶段的宝宝大部分会出现有意识的模仿行为，有意识的模仿往往比无意识的模仿更为复杂、更具有情境性，而且，有意识的模仿往往会伴随着愉悦的情绪体验，如家人喝完酸奶舔一下嘴唇，宝宝看到也会拿起空杯子学喝酸奶并夸张地舔嘴唇，然后放声大笑。模仿是婴幼儿主要的学习方式，尤其对其社会性发展有举足轻重的影响。此阶段的宝宝也处于蒙台梭利叙述的吸收性心智旺盛的时期，他会不加选择地模仿他人的言行，因此，家长要约束好自己，给宝宝积极、正向的影响。

❹ 工具意识初步形成

此时的宝宝拿起身边熟悉的物品，不再是简单地敲敲打打，而是开始模仿成人做各种动作。这表明，宝宝已经告别了最初级的游戏形式——练习性游戏，其使用玩具或生活用品的目的（宝宝本身对目的无意识）不再是练习机能，而是具有一定的象征意义，把物体当工具使用，如用碗喝水、用勺吃饭等。

（二）智力培养要点

❶ 创设丰富多变的环境

此时，宝宝处于第二信号系统形成时期的第三个阶段，外界具体事物引发宝宝的词语表达，因此越丰富多变的环境，对宝宝的语言发展与第二信号系统的建立越有利。但是，这里所讲的丰富不是知识上的丰富，而是宝宝可以接受的丰富，因此，富有历史感、科学感的展览、图书、建筑等是没有太大意义的，家长应该选择自然的、多彩的直观事物丰富孩子的视野，切忌揠苗助长。

❷ 给宝宝更多探究的机会

此阶段，宝宝处于实物活动频繁的时期，实物活动具有认知的意义，是宝宝主动探索客观世界的一种表现，家长对此要给予支持，不要总是把玩具和实物区分开来，只让宝宝玩玩具，其实，只要宝宝感兴趣、专注地探究，任何物品都可以成为玩具。比如，宝宝拿着真实的勺子喂毛绒玩具吃饭、喝水，其实，他是用游戏的方式建构自己的认知，家长不能制止和纠正。

❸ 激发宝宝的阅读欲望

图画书中种种形象是真实世界与词语世界之间的桥梁，兼具形象与抽象的功能，对宝宝第二信号系统发展、语言发展有十分重要的意义，父母可以为宝宝多选择一些图画书。图画书的选择要注意所绘形象的生动、简约、多元，如果富于想象、有泛灵体现则更适合此阶段宝宝的阅读。

（三）智力发展游戏

❶ 阅读游戏

【游戏一】

名称：同向阅读

目的：借助亲子阅读，提升宝宝的语言能力，培养其阅读兴趣和习惯。

方法：宝宝与妈妈同向坐好，就像袋鼠和妈妈一样，共同看一本书，妈妈可以用简练的语言讲述故事里面的情节，也可以向宝宝简单提问，促进宝宝的语言发展。图书选择要内容丰富、富于想象，能起到激发宝宝阅读兴趣的作用。需要提醒的是，此时宝宝会反反复复读一本书、反反复复追问同样的问题，对此家长不要烦，更不用质疑，这个阶段是宝宝对语言的机能练习、建立应答等互动模式，就像更小的宝宝曾经无目的地敲敲打打、手舞足蹈一样，只是以前锻炼的是生理上的机能，现在练习的是心智上的机能。

【游戏二】

名称：绘本短剧

目的：利用这种转换了的被动的模仿学习，在表演绘本故事中帮助宝宝建立适宜的互动模式。

方法：选择极为简单的绘本，如只是一问一答情境的绘本，和宝宝进行简单的绘本表演。比如，"小熊宝宝绘本"中有一本《大声回答"哎"》，妈妈可以模仿小熊，大声喊"小兔子""小老鼠"等，只让宝宝回答"哎"，让宝宝意识到，这是人与人之间最简单的沟通，能回答家人的呼唤。

❷ 模仿游戏

【游戏一】

名称：当妈妈

目的：利用宝宝爱模仿的天性，帮助宝宝建立良好的习惯。

方法：此阶段，宝宝的语言、动作能力开始得到较快的发展，从这个时候开始带宝宝做有意识的、有情境的模仿游戏应该是最适宜的。模仿游戏可以在日常生活中随时进行，如睡觉前，让宝宝哄娃娃睡觉；洗澡时，让宝宝给娃娃洗澡……这是妈妈对宝宝的行为，可以通过宝宝对娃娃的行为进行模仿，在此过程中发展宝宝的语言与想象能力。

【游戏二】

名称：模仿小动物走

目的：让宝宝体会模仿，可以帮助宝宝学习并锻炼各种形式行走中的平衡能力。

方法：在日常生活中，妈妈让宝宝多观察小动物，并有意识地与宝宝一起学习小动物的走路方式，如模仿小鸭子、小狗、小兔、小猴子等的走路方式，在不断的变化中丰富身体平衡过程中的多种变化，锻炼平衡能力。

❸ 实物探究游戏

【游戏一】

名称：玩沙子

目的：借助宝宝爱玩沙子的天性，让宝宝随意地舀沙子，自主探究和体验。

方法：用废旧的食品包装盒装一盒沙子，里面投放大小不同的奶粉、米粉勺子和各种酸奶杯，让宝宝自由装倒，在实物操作中探究，并学会控制、调整自己的动作。如果获取沙子不方便，可以用各种豆子、米代替。

【游戏二】

名称：洗东西

目的：借助宝宝爱玩水的天性，给宝宝洗东西的任务，让宝宝自主玩水。

方法：爱玩水是每个宝宝的天性。妈妈不妨在做家务的时候，给宝宝一个小盆，装点水，给宝宝一个他的物品让他自己清洗，在与妈妈共同劳动的过程中，实现对水的各种探究。

三、社会情感发展

（一）社会情感发展状况

❶ 分离带来的痛苦达到顶峰

1岁过后，宝宝害怕妈妈离去的情绪变得越来越强烈，在16～18个月时，分离带给宝宝的痛苦会达到顶峰。然后，随着宝宝认识能力的发展，他会知道：妈妈很爱他，离开还会再回到他身边，分离焦虑才会慢慢减轻。

❷ 形成多重依恋

宝宝到一岁半时，大多数宝宝能形成多重依恋，即不光和妈妈很好、很黏，也会和爸爸、奶奶等常交往的照看者很好、很黏。不过，这些依恋里面，宝宝也会排个顺序。当这些人都在场时，宝宝可能最喜欢和妈妈在一起，接着是爸爸，然后是奶奶等。但是妈妈不在时，他也能愉快地跟爸爸和奶奶玩。

❸ 坚持独立做事

宝宝的自我意识发展迅速。现在的他，能充分地理解哪些东西是宝宝的，哪些东西不是宝宝的。同样地，他也能意识到：那是妈妈的想法，这是宝宝的想法。于是，他要按照自己的想法去探索、去尝试，不喜欢被管。尽管慢腾腾、一团糟、做的事情家长看来也无意义、不安全……但是，他还是要自己做。父母拿过来三下五除二做好，他反而会大发脾气。

❹ 能分辨性别，但不理解性别的本质

现在宝宝能够根据人们的穿戴、打扮辨别人的性别。比如，他知道穿裙子的是女孩子。但是，他并不理解性别的本质，如果给小男孩穿上裙子，他会觉得他是小女孩。

（二）社会情感培养要点

❶ 尽量不在此时更换照看者

由于宝宝此时的分离焦虑达到顶峰，因此，如果想给宝宝更换照看者，最好别选在这个时候。此时的强制分离，容易给宝宝带来极大的痛苦，也容易使宝宝对依恋者产生不信任的态度。这种不信任，或许在意识层面，随宝宝长大就忘记了；但是从精神分析的角度看，这些情绪、态度会隐藏在人的潜意识中，对宝宝今后亲密关系的发展有一定影响。但是，也请父母不必过分紧张。因为宝宝的亲密关系能力发展也不是仅由一件事情决定。它是父母点滴行为日积月累带给宝宝的印象，还受宝宝今后成长经历的影响。

总之，这段时间，如果可以不更换照看者，就不要更换，以减少宝宝不必要的痛苦；如果必须要更换，一定要注意事先做些利于宝宝的安排，比如尽量找宝宝认识的人帮忙照看；如果必须要陌生人照看，一定要提前让宝宝与陌生人接触，接触的时间越长越好。最好不要更换环境，因此请人来家里照看比把宝宝放在别人家好。如果宝宝的确要离开熟悉的环境，一定要带上他心爱的玩具或物品，让它们能形影不离地陪伴他。还要尽量避免与宝宝较长时间的分离。另外，除不可避免的因素外，如出差，父母要尽量多陪宝宝，多和宝宝玩耍。

❷ 有意识地扩大交往范围

随着宝宝活动范围的扩大，他和外界交往的机会越来越多，家长要有意识地引导宝宝多接触人，多和小伙伴一起玩。此时的宝宝，还没有什么交往的技能，他们顶多是在一起各做各的事。这没有关系，重在体验与人相处。在这个过程中，父母可以帮助宝宝学习称呼人、了解一些常用的社交用语，如："你好""再见""谢谢""一起玩吧"……

❸ 给宝宝适宜性别的打扮

临床心理学的研究显示，很多同性恋者在年幼时，曾有父母给他们穿异性服装、做异性装扮的经历。虽然这不是引发同性恋的唯一因素，却是相关因素。宝宝现在尚不能理解性别的本质区别，仅从服饰、装扮来判断，因此，宝宝常以为：我穿着裙子我就是女孩……因此，父母不要图好玩或满足自己的某些愿望给宝宝穿异性服装，还是要尊重社会普遍的衣着文化和审美取向，防止对宝宝认识性别造成干扰。

（三）亲子游戏

【游戏一】

名称：属于我的地方

目的：满足宝宝的物权需要，培养安全感，促进情绪调节能力的发展。

方法：

（1）为宝宝开辟一个属于他的个人空间，如一个大纸箱、家中一个角落等，在里面放上柔软的垫子，宝宝喜欢的玩具、书……

（2）尊重宝宝的"小家"，比如进门前要假装敲门；对他的"小家"表示赞叹；允许孩子改变里面的布局等。

（3）设定一些特定的时刻让宝宝去自己的空间，如开心的时候、生气的时候。

【游戏二】

名称：请你走进我的生活

目的：感受亲子交往的乐趣，提升宝宝的社会化，发展其语言能力。

方法：这可以成为家长常态的育儿行为，即家长在做什么事情时，向宝宝描述自己的动作。比如，家长在擦桌子时，就可以边做边说："打开小毛巾，摊在手掌心，擦擦桌子面，擦擦桌子腿。"这不但能让孩子将语言符号和动作建立联系，促进语言发展；同时，也让他参与到真正的生活中。他要是想协助家长做点事情，那正是培养他自理能力的好时机。

【游戏三】

名称：带路回家

目的：培养宝宝的自理能力，增进自信心，增加大运动乐趣。

方法：宝宝还不认识路。家长带他出门时，可以有意识地向他指点家门口的标志物，让孩子学认自己住的小区、楼、单元门，直到家门。请他为家长带路回家。带错不要紧，应马上更正。如果宝宝经常外出的话，很快就能认得回家的路了。

第三章

19～21个月的宝宝

第一节　宝宝的特点

 一、生活素描

19～21个月的宝宝，走得已经相当自如了。他能够随意停下来又继续行走，也能从向前走的状态随意变成斜着走或倒着走。大多数宝宝会跑了，但还不太稳。跑起来，两手仿佛向前环抱一样"颠颠颠"的样子。为了够到高处的物品，能够爬上椅子，再爬到桌子上。光从椅子上下来还行，要是从桌子上下到椅子上，再下到地上，有点难。能够瞄准踢球，能够把球举过头顶扔出去。

宝宝的小手的使用比过去灵活了。过去翻书可能一次翻过去两三页，现在可以一次只翻一页了。拿蜡笔的力度强了，在纸上的画痕更清晰。喜欢玩折纸的游戏，但只能是压出痕迹的水平。还喜欢玩将一个容器里的物品倒到另一个容器里的游戏，倒来倒去，乐此不疲。

在此阶段，宝宝喜欢重复地听同一个故事、同一首歌曲。这是宝宝不断理解与加深印象的需要，是所有小宝宝的特点。或许他还能够背一两首儿歌，但是口齿通常不清。如果大人不是事先知道他要背哪首儿歌，恐怕是辨别不出来的。宝宝还能够用名字称呼自己，如"玲玲吃饭了"，仿佛玲玲是个外人。但是，家长若问他"这个玩具是谁的"，有的宝宝说"玲玲的"，有的能说"我的"。

宝宝不但喜欢模仿大人的动作，还喜欢模仿大人的表情。这说明宝宝模仿的精确度越来越高。所以，父母需要注意自己的仪容、体态。宝宝能够指出哪个东西大，哪个东西小。还能记住常用的物品放在哪儿。乖巧的宝宝可能会在妈妈下班回来时，跑去将妈妈的拖鞋拿过来。还有的宝宝想出去玩时就会把父

母出门穿的衣服抱过来，示意爸爸妈妈该出门了。如果有教过宝宝性别，他能够稳定地说出自己的性别，不会因为自己剃了头或换了衣着而说错。

这个阶段的宝宝，仍然有很强的独立做事的愿望。但是，如果操作一阵子，总也做不好的话，他可能会发脾气。宝宝情绪的分化更加细致。如果妈妈酸酸地要"亲亲"，他会表现出不好意思的样子；如果他独立完成了什么事情，他又会变得说话响亮、干脆，一副很自豪的样子。他还喜欢看镜子中的自己，穿了新衣服要跑到镜子前照一照，让父母感到：宝宝会臭美了。

宝宝的自我服务能力也越来越强。用勺吃饭，已经洒得很少了。还能够捧杯喝水。脱衣服时，能自己拉下拉链。还能够自己脱下鞋和袜子，但穿上有点困难，只能把鞋或袜子套在脚上。

提示与建议

1.足够的耐心＋适时的帮助。当宝宝要自己做事时，在保证安全的情况下，尽可能满足他。或许这需要足够的耐心，要容忍脏乱、慢腾腾、无厘头等，但是非常值得。心理学的研究反复印证了"心灵手巧""手是脑的教师""儿童的智慧在他的指尖上"等俗语。在身体器官中，手指的触觉灵敏度最高，管辖手指的神经中枢在大脑皮层功能区域面积最广泛，仅大拇指的运动区就几乎相当于大腿运动区的10倍。当宝宝做事时，手的动作能对大脑皮质运动区产生良好的刺激，而且宝宝在进行尝试、积累学习经验时，也能增强大脑的思维能力。此时，家长若限制宝宝独立做事，岂不就是限制宝宝的发展吗？因此，对于宝宝自发地做事，父母要有足够的耐心。同时，也要讲求符合时机的帮忙。完全撒手不管，宝宝可能会遇到很多挫折，有的宝宝就放弃了，有的宝宝可能会闹情绪。所以，父母的不管是积极的不管，是处于密切观察、积极判断的思考中。如果看到宝宝确实需要帮助，那家长是要提供帮助的。比如，家长可以在他旁边做同样的事，给予示范；可以让他做整个事情的一部分内容，减少难度；可以帮助扶稳、拿递东西等；还可以换同类但是简单一些的工作……总之，帮助宝宝渡过难关，使其体会成功的喜悦。

2. 正确的表扬促进步。很多大些宝宝的父母反映，以前用表扬很奏效，宝宝立马情绪高昂；后来，表扬不表扬，宝宝却显得无所谓了。难道是表扬方法失效了吗？当然不是！为了防患于未然，从现在起，父母就应该知道正确的、能促进孩子进步的表扬方式是什么。

首先，表扬要具体。"宝宝真棒！""宝宝真聪明！"这类表扬，可能刚开始起作用，但久用，宝宝就"麻木"了。他听不出赞美的真诚，也不知道自己棒在哪里，聪明在哪里。所以，家长需要表扬具体的地方。比如，"宝宝叠得真整齐！""宝宝能自己脱裤子啦！真棒！"这样，宝宝就能知道自己好在哪里，好行为也更容易保留下来。

其次，表扬要及时。宝宝的行为要及时强化，好的行为刚做完就立马表扬，效果最佳，宝宝最能记清哪个行为是棒的。如果事隔一阵，家长再说"刚才你做的×××，做得特别好"，宝宝早就失去了兴趣，强化效果也会大打折扣。

再次，表扬要可行。即表扬宝宝能够通过努力改变的事情，而不是天生或不努力就能达成的事情。比如，表扬宝宝"做事认真""吃得干净""主动打招呼""能把玩具放回去"等，都是可行的；但如果表扬宝宝"长得漂亮"就不很适宜。像长得漂亮这种事，在他成长中，会得到大量外人的赞美，无须家长赘述了。父母更要注意培养宝宝潜在的品质。

最后，勿对比。有的妈妈对宝宝的赞赏基于和别的宝宝对比。要是别的宝宝只能蹦字时，自己的宝宝会说话了，会喜出望外地赞赏。如果赞赏仅就行为，不提及他人，倒也无可厚非。但是，有这种攀比心理的家长，也容易反向刺激宝宝："你看明明都能自己爬上台子了，你也试试？"这种导向，让宝宝无意识地将成功和与别人的比较挂钩。比较无穷尽，这样长大的宝宝，幸福感会多么不稳固！若比较，不妨让宝宝和自己比较。让表扬具有正确的导向。

适合宝宝的玩具：

- 娃娃以及与娃娃配套的小衣服、小餐具等
- 套叠类玩具，如套筒、套碗、套塔等
- 积木
- 串珠玩具
- 贴近生活、情节简单、画面大、文字活泼的故事书

二、成长指标

（一）体格发育指标

体格发育参考值

项　目		体重（千克）			身长（厘米）			头围（厘米）		
		−2SD	平均值	+2SD	−2SD	平均值	+2SD	−2SD	平均值	+2SD
19个月	男	8.9	11.1	13.9	77.7	83.2	88.8	44.9	47.5	50.2
	女	8.2	10.4	13.5	75.8	81.7	87.6	43.6	46.4	49.2
20个月	男	9.1	11.3	14.2	78.6	84.2	89.8	45.0	47.7	50.4
	女	8.4	10.6	3.7	76.7	82.7	88.7	43.8	46.6	49.4
21个月	男	9.2	11.5	14.5	79.4	85.1	90.9	45.2	47.8	50.5
	女	8.6	10.9	14.0	77.5	83.7	89.8	44.0	46.7	49.5

注：本表体重、身长、头围摘自世界卫生组织"2006年儿童体重、身长（高）、头围评价标准"，身长取卧位测量，SD为标准差。

（二）能力发展要点

能力发展要点

领域能力	19个月	20个月	21个月
大运动	能连续跑三四米	会自己从椅子上爬下	能扶栏杆下楼梯；能弯腰

（续表）

领域能力	19个月	20个月	21个月
精细动作	可以将杯子里的水，从一个杯子倒到另一个杯子	能自己拉开衣服的拉链	能用勺吃饭，洒得很少；能双手端杯喝水
语言	会用名字称呼自己	会说三四个字的句子；能封面朝上、正着拿书	会说"我的"；能指认书中的角色
认知	能记住常用物品放在哪儿；能区分物体大小	能按指示做两个连续动作	能说出常见物的用途；能稳定地说出自己的性别
社交情感	生气时会大喊大叫	能辨别成人表情中蕴含的情绪；在失败时焦虑	喜欢看镜子中的自己；能用语言表达需求

第二节　养育指南

一、科学喂养

（一）营养需求

19～21个月的宝宝，活动量增大，消耗增多，此时期除需持续补充铁、钙与维生素 D、锌外，还要科学地摄取脂肪，适量地给予动物肝脏，以帮助宝宝摄取充足的维生素 A。

❶ 科学地摄取脂肪

脂肪是大脑发育和身体生长必不可少的营养素。在两周岁前，宝宝需要充分摄取脂肪，以保证足够的热量。牛奶、肉类、鱼类等都含有优质脂肪，只要保障充足的奶量和足够的肉类，就可以满足脂肪的需要。

油炸食物或奶油蛋糕等，会导致肥胖，不可过多食用。

2 适量食用动物肝脏

动物肝脏中含有丰富的蛋白质、胆固醇以及较少的脂肪和碳水化合物，含有大量的维生素 A，远远超过鱼肉蛋奶等食品。动物肝脏中铁质含量也很丰富，是补血食品中最常用的食物。此外，钙、磷、锌、硒、钾等微量元素也很丰富，有助于满足宝宝的营养需求。

（二）喂养技巧

1 烹调有方

食物烹制一定要符合宝宝的年龄特点。宝宝刚刚结束断乳期，消化能力还比较弱，饭菜要做得细、软、碎。随着年龄的增长，宝宝的咀嚼能力增强了，饭菜加工逐渐趋向粗、硬、整。为了促进食欲，烹饪时要注意食物的色、味、形，提高宝宝就餐的兴趣。

绿叶蔬菜洗净后最好放在清水中浸泡三五分钟，万一有残留农药，经过短时间浸泡，可以使残留农药析出。浸泡时间不要过长，以免丢失营养素。绿叶蔬菜中的草酸会影响铁元素的吸收，可以把洗净的蔬菜放在开水中烫一下，把蔬菜放到开水中后，立即关火，以免破坏蔬菜中的维生素。生肉也这样处理一下，可减少肉中的油脂，利于宝宝消化。

为宝宝烹调食物，最需要提醒父母的是，不能因为宝宝只吃一点点，就凑合，或用水煮一煮就给宝宝吃，这样很容易导致宝宝厌食。对宝宝来说，吃不仅仅是为了填饱肚子，宝宝也要品尝食物的美味，也要观赏食物的色泽。品尝美味佳肴不是成人的特权。色泽漂亮、味道鲜美的食物同样也能引起宝宝的食欲。父母不但要尊重宝宝的食量，还要尊重宝宝对食物的品味。

2 吃零食有选择

零食选择不当或吃多了，会影响宝宝进食正餐，扰乱宝宝消化系统的正常运转，引起消化系统疾病和营养失衡，影响宝宝的身体健康。就算是"好朋友"类零食，吃法也是有讲究的，坚持以下几点，适时、适当、适量、合理地给宝宝吃零食。

（1）选择最佳时间吃零食。在两顿正餐中间给宝宝吃些零食，仍然遵循"三餐两点"的原则。

（2）适当选择有营养的零食。抛弃高热量、高糖分、高添加剂和防腐剂的零食，如巧克力、饮料、油炸类、腌制类小吃，选择全麦饼干、酸奶（而不是乳酸饮料）、水果，而且常换常新。

（3）掌握适度的原则。家长一定要控制零食的量，就算宝宝再喜欢吃，也不能一次吃太多。比如，每次给宝宝吃一个水果，外加两三块小饼干，或酸奶配面包。这需要家长开动脑筋，让宝宝吃出新意，吃出花样。

（4）限制冷饮。宝宝的消化系统不够成熟，食用刺激性较大的食物，很容易造成腹泻，食欲下降，影响孩子正常发育。一般还是将冷饮凉食类作为孩子的"坏朋友"。

请注意：避免给宝宝喂食容易噎住的食物，如爆米花、硬糖、生蔬菜、硬的水果、整颗葡萄以及葡萄干和坚果。宝宝吃任何食物时，家长都要在一旁照看。

💡 提示与建议

1. 少放盐不代表不放盐。父母几乎都知道宝宝需要少吃盐，这没错。问题是多数父母不是让宝宝少吃盐，而是不吃盐，即使做肉蛋类菜肴也不放盐，宝宝怎能吃得下不放盐的肉蛋呢？不要把菜做出盐味来，但要做出鲜味来，所以放少许盐就可以，但不能不放盐。

2. 鸡蛋不能吃太多。有些宝宝不爱吃荤菜，于是家长常用多吃鸡蛋来弥补，其实，这样是不科学的。宝宝的胃肠道消化系统尚未发育完善，各种消化酶分泌较少，过多地吃鸡蛋，会增加宝宝的胃肠负担，甚至引起消化不良性腹泻。另外，过多的蛋白质可使体内氨增多，加重肾脏负担。而且，由于鸡蛋蛋白中含有一种抗生物素蛋白，在肠道中与生物素结合后，能阻止营养吸收，造成宝宝维生素缺乏，影响身体健康。所以，鸡蛋每天吃一个即可。如果发现宝宝粪便中有蛋白状物，则说明宝宝胃肠吸收不好，要通过药物或食物给予适当调治。

（三）宝宝餐桌

胡萝卜香菇鸡肉丸

原料：鸡胸肉100克，胡萝卜30克，干香菇2个，淀粉1勺，盐少许，香油数滴，清水适量。

制作方法：将鸡胸肉剁成鸡肉泥；胡萝卜切碎；香菇泡软洗净切成细末。将准备好的这些材料混合，加入淀粉、盐、香油，再加入一点水朝一个方向搅拌均匀。制好的丸子放到盘子里，蒸锅烧开，把丸子大火蒸7～8分钟，熟透即可。

说明：鸡肉有温中、益气、补虚、健脾胃、强筋骨的功效。鸡肉肉质细腻、味道鲜美，含有丰富的蛋白质、磷脂、维生素、磷、铁、铜、锌等营养物质，对营养不良、怕冷、易疲劳、贫血的宝宝来说是很好的食物。

蓝莓土豆泥

原料：土豆1个，牛奶适量，蓝莓果酱少许。

制作方法：土豆削皮后切成大块，用蒸锅蒸熟，用筷子轻轻扎土豆块，如能轻松扎进即可熄火。用勺子取适量的土豆在碗中，把土豆碾成泥，一边碾一边添加牛奶，调成稠稠的泥状。在土豆泥上放上适量的蓝莓果酱调味。

说明：土豆对宝宝来说容易消化，是预防宝宝便秘的理想食物。土豆含有丰富的维生素以及矿物质，优质淀粉含量约为16.5%，脂肪的含量比较低，具有很高的营养价值。土豆中的纤维素比较细嫩，不会对宝宝的肠胃黏膜产生不良刺激，容易消化，是预防宝宝便秘的理想食物。

什锦蔬菜

原料：土豆、蘑菇、胡萝卜、黑木耳及山药各15克，高汤适量，植物油、精盐、麻油、淀粉各少许。

制作方法：先将所有的原料洗净、切片，待用。油锅烧热后放入胡萝卜片、土豆片和山药片煸炒片刻，再放入高汤。烧开后，加入蘑菇片、黑木耳和少许盐，烧至原料酥烂，然后用淀粉勾芡，再淋上少许香油即成。

说明：食物中只有蔬菜和水果含有维生素C和作为维生素A原的胡萝卜素，能防治坏血病，保持视力，防止干眼病和夜盲症。蔬菜不仅含有多种维生素，其丰富的纤维素还能刺激胃液分泌和肠道蠕动，增加食物与消化液的接触面积，有助于消化，促进代谢，防止便秘。

猪肝菠菜面

原料：猪肝 20 克，菠菜 50 克，葱姜末、精盐少量，水，面条。

制作方法：猪肝洗净、切薄片，菠菜洗净、切段。油锅烧热后，放入猪肝、葱末、姜末、精盐煸炒 3 分钟。再放入菠菜同炒片刻。加水和面条，面条熟后即可食用。

说明：深绿叶的菠菜含有磷、铁，有助于身体代谢并促进脂肪和碳水化合物的吸收；动物肝脏既营养又含丰富的维生素 A，有助于宝宝的牙齿的坚固和个头的长高，这组食物对宝宝的视力发育非常有益。

二、生活护理

（一）吃喝

❶ 按时进餐、节制零食

一日三餐形成规律，消化系统才能劳逸结合。完全控制零食是不现实的，可以给宝宝吃零食，但要控制吃零食的时间，正餐前一小时不要给宝宝吃零食，包括饮料。吃什么样的零食也要有所考虑，不要经常给宝宝吃高热量、高糖、高油脂的零食。餐前半小时以内最好不要给宝宝喝水，以免冲淡胃液，不利于对食物的消化吸收。边吃饭边喝水不是健康的饮食习惯，如果宝宝喜欢这样，要尽量纠正过来。大多数宝宝都爱吃甜食，甜食吃得过多也会伤胃，最好把甜食安排在两餐之间或餐后一小时。

❷ 注意饮食卫生，避免食物中毒

土豆：土豆受热或发芽会产生大量的龙葵毒素，可引起口干、舌麻、恶心、呕吐、腹痛、腹泻甚至呼吸困难、抽搐等中毒症状。所以，不要给宝宝吃发芽或发青的土豆。

豆浆：豆浆营养价值相当于牛奶，且价格低廉，是宝宝很好的食物，但生豆浆含有可使人中毒和难以消化吸收的有害成分，这些有害成分只有在烧煮至90℃以上时才能被逐渐分解，因此食用豆浆时一定要完全煮熟。煮豆浆的方法：采用较大的、加盖的锅，只盛三分之二，煮开后持续5～10分钟。如不加盖或盛得太满，当煮到80℃左右，会形成泡沫上浮，造成假沸现象，豆浆若没完全煮熟，就有可能造成食物中毒。已煮熟的豆浆中，不要再加入生豆浆；不把熟豆浆装在盛生豆浆的、未清洗消毒的容器里。

扁豆类：四季豆、刀豆、扁豆均含有对人体有毒的物质，但只要适当加热处理，其毒素被破坏即可安全食用。煮扁豆的方法：将扁豆清洗干净，倒入开水锅内煮软，捞入冷水盆内冷却，根据需要切成丝或碎末，投入烧热的锅内急火煸炒，不断翻动，直到豆腥味排尽，即可起锅。或将扁豆清洗干净，切成丝或碎末，倒入锅内煸炒片刻，加水焖软直至扁豆变色，豆腥味排尽，再起锅。

（二）拉撒

一岁半以后，宝宝的排便系统趋于成熟，此时可以正式使用便盆了。首先，家长要了解宝宝控制大小便的次序：首先是能够控制大便，然后才能控制小便，最后是夜间能够控制小便。一般来说，女孩子学会控制排泄要比男孩子早。

家长一定要让宝宝明白大小便是从哪里排出来的。于是，就要告诉宝宝身体都有哪些部位，以及它们各自的功能，包括人体的排泄部位。最好让同性的父母为他们示范。不要认为这样很"恶心"，就像宝宝认识到他也流鼻涕一样。家长还要教会宝宝怎样"表示"他们要大小便，表示的用语或姿势，只要大人能明白就行。

有的宝宝见到马桶会干呕或害怕，他们可能会害怕自己被水一下子冲走，所以不要强迫宝宝去厕所排便。随着宝宝年龄的增长，这种恐惧会慢慢消失，所以请耐心等待吧。或者试试用个小仪式化解一下，带宝宝一起跟便便说"byebye"，然后跟他一起按下冲水钮。

当然，凡事都需讲究个"度"，过早或过迟训练宝宝排便都不好，而1岁半正是时候。

现在，很多宝宝的小屁股上的纸尿裤限制了他们练习控制大小便的机会，但如果一岁半还不训练，以后就会越发困难。因为膀胱习惯了不充盈的状态，括约肌经常处在放松状态。这就是为什么国外的宝宝懂得自己排便要等到三岁左右，而中国的宝宝在两岁前基本就可以自己排便。

（三）睡眠

影响宝宝成长发育有两个重要因素，一是营养，二是睡眠。午睡作为夜间睡眠的补充形式，对宝宝的生长发育有很大的益处。不管是白天还是夜晚，宝宝睡觉时是其身心发育的最好时间。良好的午睡可以促进消化，改善宝宝的食欲，增强免疫力，缓解疲劳，促进大脑发育。而且，可以解放父母，让爸爸妈妈有更多自由时间。

❶ 养成习惯

给宝宝安排好一天的作息时间，经过一段时间的实施，宝宝会形成条件反射，午睡时间一到，就会自动产生睡意，并慢慢养成自动入睡的习惯。

❷ 睡眠环境

睡眠环境和气氛对于养成宝宝良好的午睡习惯非常重要。家长应注意，无论冬夏，都应保持屋内空气清新，最好在宝宝午餐时就打开窗户通风换气；室内温度尽量调节到20℃左右；不要把房间变成一个充满玩具的空间，否则容易引起宝宝兴奋，不易入眠。

❸ 睡前故事

如果宝宝喜欢听着故事入眠，那么不管这个故事有多么令人激动，家长都一定要用缓慢、平和、轻声、低沉的语调来为他讲故事，甚至可以播放些催眠曲作为背景音乐。切忌睡前给宝宝讲让他害怕的故事。

❹ 午睡时间

一岁半以后，白天可以只睡一次，两小时左右。要保证午睡醒来至晚上睡觉前有4小时以上的清醒时间，这样才不会影响夜间入睡。要注意的是，午饭后30分钟内不宜立刻让宝宝午睡。

❺ 唤醒方法

午睡有益宝宝的身心健康，可午睡时间太久，就会影响宝宝晚上的睡眠质量，所以，到了宝宝该起床的时候，家长就要想些舒缓的方法把宝宝唤醒。比如，先把窗帘拉开，让阳光射入屋内，这样宝宝一般都会醒来。或者，播放宝宝喜爱的音乐，在美妙的音乐中亲吻宝宝，让他在妈妈的亲吻中醒来；妈妈也可以提前几分钟叫醒宝宝，一边按摩，一边叫宝宝起床。总之，不宜大声喊叫，以免吓着宝宝；给宝宝买个充满趣味的音乐小闹钟，当宝宝听到小闹钟的歌声时，就会按时起床。当然，适当的鼓励可以让宝宝做得更好。

（四）其他

❶ 一岁半以上不要穿开裆裤

一岁以内的婴儿尚不能控制大小便，为了便于更换尿布，婴儿大多数都穿开裆裤。一般到了一岁半或两岁，宝宝逐渐能够自主排便，要尽快给宝宝过渡到满裆裤。此阶段，宝宝的活动范围扩大，户外活动增加，开裆裤冷风直灌裤筒，宝宝容易着凉。穿开裆裤使臀部、外阴暴露在外，极易感染或损伤。宝宝常常席地而坐，更容易引起尿道炎、外阴炎等，特别是女孩尿道短，极易引起尿路感染。开裆裤还是婴幼儿肠道寄生虫感染的主要原因，所以，婴幼儿，特别是女孩，应该尽早穿满裆裤，这样既安全又卫生。

❷ 培养清洁卫生的习惯

宝宝一岁半以后能主动参加一些洗漱的活动，因此从现在起，要逐渐让宝宝知道清洁卫生的内容，逐步培养自己动手做好清洁卫生的习惯和能力。

（1）保持皮肤清洁。早晚要洗手洗脸，手要随脏随洗，饭前便后要打肥皂洗手；睡前洗脚、洗屁股；定期洗头、洗澡，夏季每天至少一次，春秋季两三天一次，冬天至少每周一次；勤剪指甲、勤理发。

（2）口腔卫生。两岁前，饭后要给宝宝喝一些温开水，以清洁口腔；两岁后，开始培养宝宝饭后漱口、早晚刷牙的习惯。

（3）用手帕或者纸巾擦手、脸、鼻涕。不要让宝宝养成把鼻涕和口水擦在衣袖上的习惯，培养宝宝不随地乱吐，不随地大小便，经常保持整洁卫生的习惯。

（4）养成不吃手指、不挖鼻孔、不抠耳朵的好习惯。

💡 提示与建议

盥洗训练需注意

　　为宝宝选择大小、形状和花色不同的，便于宝宝辨认的各种盆、毛巾、漱口杯、牙刷、梳子等用具，将之放在取放方便的固定地方。虽然宝宝此时还不完全会使用盥洗工具，但这样做可以帮助宝宝从小明白，一切盥洗用具和一些贴身衣裤均不能与别人共用，以形成良好的卫生习惯。给宝宝盥洗时，要提醒宝宝识别和使用自己的用具，便于宝宝学习和掌握自我服务的本领，便于清洗、消毒、保持卫生。

　　先从配合开始，先让宝宝配合大人的动作，让宝宝熟悉程序；然后激发兴趣，用愉快、轻松的语言或儿歌诱导宝宝的活动，让宝宝在游戏中理解语言，学会技巧，培养能力，养成习惯；操作时需耐心细致，对于每个内容都要反复提醒、督促、反复练习，不怕麻烦、不怕弄湿衣服，让宝宝在愉快的情绪中形成较稳固的清洁卫生的习惯。

 ## 三、保健医生

（一）常见疾病

1 营养不良

　　营养不良是由于食物（如粮食、肉、蛋油等）进食量不足；喂养不宜，蛋白质摄入不足；婴儿得不到充足的营养造成的。

　　表现症状为体重不增或减轻，皮下脂肪少，大小便不好，有时腹泻，有时便秘；情绪不稳定、哭闹烦躁、对周围事物或哄逗无反应；血色素低，有不同程度的水肿，肝脾肿大。

　　营养不良可通过如下方法预防或改善。

　　（1）合理安排饮食。选择含蛋白质丰富的食品，包括：奶类（牛奶、羊奶）、畜肉类（牛肉、羊肉、猪肉、禽肉）、蛋类（鸡蛋、鸭蛋、鹅蛋、鹌鹑蛋）及鱼、虾，豆类（黄豆、青豆、黑豆）和干果类（芝麻、瓜子、核桃、杏仁）等。

（2）辅食多样化。多样化食物包括：谷类和薯类；肉、鱼、禽、蛋、大豆类；奶及奶制品；水果和蔬菜。还要把几种不同功能的食物搭配得当、制作适宜。比如，动植物食品搭配、荤素菜搭配、粗细粮搭配、干稀搭配、生熟搭配等。

烹饪时注意食物的色、香、味。

合理安排宝宝的生活起居，养成良好的睡眠习惯、饮食习惯、排便习惯及清洁习惯。

❷ 结膜炎

结膜炎由细菌、病毒感染或是过敏所引起。发病时眼皮会出现发红及肿胀、眼白发炎充血的现象。若是由感染或过敏所引起，可能出现黏稠分泌物而使眼皮粘在一起，会有畏光现象。

可以用温水或生理食盐水清洗宝宝的眼睛，结膜炎具有高度传染性，照顾宝宝时应注意彻底洗手，宝宝的毛巾、擦巾、毯子或枕头需隔离使用，若有碰触应彻底洗手，帮宝宝点眼药前后均应彻底洗手。

（二）健康检查

不要忽视微量元素的检查，宝宝体内的各种微量元素不仅要充足，而且要平衡。

（三）免疫接种

检查过去是否按时进行了免疫接种，如果未接种，要与医生联系进行补种。

第三节　宝宝的发展

一、动作发展

（一）动作发展状况

到此阶段，宝宝的平衡能力得到很好的发展，独走与蹲站都能自如掌握，因此，会出现挑战原有水平的动作。比如，在平衡的基础上，会出现踢、踮脚等技巧性动作。

❶ 出现踢的动作

在宝宝行走自如之后，与宝宝户外散步的时候，家长会发现宝宝开始了关于行走的各种挑战，其中表现之一就是踢路上的石子、松塔等，边走边玩。出现踢的动作，并且这个动作不断发展和完善是这个阶段宝宝动作发展的表现之一。

❷ 两步一级上楼梯

此时，宝宝可以借助支撑自行爬楼梯，从开始双手扶栏杆横爬到一只手扶栏杆一只手扶家长的向前爬再到只用一只手扶栏杆的向前爬，其得到的支撑越来越少，但是这个阶段的宝宝基本还是以两步一级的方式上楼梯，确定两腿站好、平衡的情况下才会打破平衡继续上楼。

❸ 出现短时踮脚动作

此阶段，宝宝静止状态的平衡发展得很好，基本不用支撑，如有需要，比如要伸高手臂够到自己想要的东西或想看到被遮挡的人，宝宝还会出现短暂的踮脚现象，这是宝宝的平衡能力发展到一定程度的必然产物，宝宝能自如地掌控站立和行走的平衡后，会有意识或无意识地减少与地面接触，挑战原有的平衡技能，用脚尖着地以保持短暂的平衡来达成自己的目标。

④ 双手过肩扔球

当宝宝平衡能力还处于发展过程中的时候，总是伸出双臂辅助维持平衡。现阶段，宝宝的平衡能力得到了很好的发展，无须再用双臂来辅助完成身体的平衡，因此，解放出来的上肢可以自由活动。另外，此年龄阶段的宝宝头部与身体的比例向成人的比例发展，手臂渐长，能够双手持物过头，这是双手过肩扔球的生理基础，并且此阶段的宝宝双手协调能力有了一定的发展，这也是双手过肩扔球的重要基础。

（二）动作训练要点

① 进一步促进平衡能力发展

宝宝的运动技能、技巧的发展都是以平衡能力的发展为基础的，坚持平衡能力方面的训练，依然是此阶段大动作训练的要点。

② 促进四肢力量、协调与灵敏性的发展

接下来，宝宝的大动作发展会出现跑、跳、踢等各种动作技能，这除了对平衡能力有很高的要求外，对四肢的力量、协调与灵敏性也有一定的要求，因此，此阶段的大动作训练要点也包括四肢的力量、协调与灵敏性的训练。

（三）动作训练游戏

① 下肢游戏

【游戏一】

名称：行进中踢石子

目的：锻炼宝宝行进中下肢的灵敏性。

方法：与孩子进行户外活动的时候可以随时发现路边的小物品，与宝宝边踢边走，增加宝宝行进的挑战性，这样的物品很多，家长可以根据需要选择，从较大的松塔、山杏到路边的小石子逐渐过渡。

有两个问题需要提醒：第一，在最初，小宝宝踢石子是有难度的，因为石子太小不好操作，如果没有适宜的材料，家长可以自带小积木、网球等。第二，对绝大多数宝宝来说，这一行为的出现是自发的，家长不必认为这是宝宝淘气而阻止，相反，要观察宝宝对物品的操作是否适宜，如果不适宜，调整物品以促进宝宝发展。当然，此游戏应选择在无车辆、行人较少的场地，必须在保证宝宝安全的情况下进行。

【游戏二】

名称：往返踢球

目的：在往返中锻炼宝宝动作的灵敏性。

方法：妈妈和宝宝在比较开阔的地方玩往返踢球的游戏，在往返的过程中引发宝宝行进中踢球，锻炼其行进过程中的平衡能力，并且，这样的游戏要求宝宝对球的方向、速度有一定的判断，对于提高其思维能力、动作的灵敏性都有促进。

【游戏三】

名称：移动的毽子

目的：增加宝宝下肢动作的难度，促进其协调能力与平衡能力的发展。

方法：妈妈可以自制一个毽子，然后拴在一根绳子上，让宝宝在不断地追逐中踢毽子，这比前面的游戏对宝宝灵敏、协调、平衡有更高的要求，只是需要提醒妈妈，在与宝宝的互动过程中，要把握好移动毽子的节奏，让宝宝在有挑战性的情况下有所发展，不可挫伤孩子的自信心。

【游戏四】

名称：爬坡

目的：以身边的实际情境促进宝宝身体的协调能力发展，并锻炼其下肢的力量。

方法：大部分公园都是起起伏伏的，户外活动时家长要把这一环境纳入宝宝的锻炼范畴，鼓励宝宝自发地爬上爬下、登高爬低。另外，如果条件允许，带宝宝去高低不平的草地、沙坑等处，促进宝宝自身的协调能力发展。

2 平衡游戏

【游戏一】

名称：生活中的平衡木

目的：借助日常生活培养宝宝的平衡能力。

方法：在陪宝宝进行户外活动的过程中，要注意发现"生活中的平衡木"，并借此培养宝宝的平衡能力。这样的常见物品很多，比如草坪与马路边界的马路牙子、公园小路与花池分界的小矮墙、横在地上的绳子或树木的影子等，只要家长积极发现，生活中很多物品都可以成为锻炼孩子平衡能力的"平衡木"，不必非去室内的专门训练机构，要积极到大自然中寻找教材、教具。

【游戏二】

名称：做亲子操

目的：借助宝宝爱模仿的天性，妈妈选择适宜的动作与宝宝一起做亲子操，促进其平衡能力发展。

方法：妈妈可以选几个适宜锻炼平衡能力的动作，与宝宝感兴趣的其他动作编在一起，借助宝宝爱模仿的特点，与宝宝玩"请你跟我这样做"的游戏。比如，妈妈用走平衡木的动作一步一个脚印地向前走，让宝宝跟随妈妈的脚印走同样的路。

【游戏三】

名称：滑滑梯

目的：通过滑滑梯促进宝宝的身体平衡性的发展。

方法：家长可以带着宝宝去肯德基、麦当劳及其他有室内小型滑梯的地方，让宝宝在滑滑梯的过程中，自发地引发其自身的平衡调节，促进宝宝的平衡能力的发展。当然，如果条件不允许，家长也可借助日常生活实现滑滑梯的想法，比如有些亭子楼梯的侧面是斜坡大理石，可以当作滑梯；家长也可以用废旧硬纸盒等物品在家给宝宝自制滑梯。

二、智力发展

（一）智力发展状况

❶ 第二信号系统基本形成

此阶段是宝宝第二信号系统形成的最后一个阶段，即第四阶段，给宝宝词的刺激能引发其词的反应，真正出现只用语言就可以沟通的场面。虽然很多时候与宝宝的沟通还需要借助形象的事物与直观的动作，但是这种词的刺激可以引发词的反应，是宝宝认知方面质的变化，完成了第二信号系统的建立，实现了人与其他动物的本质性区别。

❷ 象征性游戏萌发

在有意识的模仿基础上，此阶段出现象征性游戏，家长仔细观察会发现，这些玩物游戏、模仿游戏基本是以模仿性动作为主，且这些动作都是从常规性动作变化而来，如宝宝学妈妈给小娃娃洗澡，用扑克牌当电话放在耳边玩打电话游戏，这种以物代物、一物多玩以及对身边人物的模仿与前阶段对实物的操作探究有所不同，表明此阶段宝宝对世界认知从对物理关系的探索和掌握开始过渡到对象征关系的探索和掌握，这也是认知上一次质的飞跃。

❸ 手眼协调与身体平衡共同发挥作用的动作开始出现

在大动作发展的基础上，宝宝的手眼协调与身体平衡共同发挥作用的复杂动作开始出现，比如此阶段出现了宝宝双手端碗、用杯子喝水等动作，这种复杂动作的出现是大动作与认知能力发展到一定程度的体现，对其进一步发展也有促进作用。

（二）智力培养要点

❶ 以玩伴的方式介入，引导宝宝的游戏

随着宝宝不断长大，其自发的游戏会变得越来越多，家长会发现宝宝越来越会玩了。此时，不制止、认真观察、适时介入，以玩伴的身份指导就显得尤为重要。指导宝宝游戏最好的方法就是变成他们游戏中的人物、进入他的游戏情境，以游戏的方式推进，而不是在旁边用成人的语言指挥。

比如，宝宝搭了一个小动物园，可惜外围的栏杆没有弄好，妈妈想让宝宝做好外围的栏杆，提高其游戏水平，只说把栏杆围好或者代替孩子去围都是不合适的，妈妈可以变成一个大灰狼，去吃他动物园里面的一个小动物，激发孩子思考如何改变才能让大灰狼无法进入动物园，让孩子自己思考、自我成长。

② 促进宝宝手眼协调继续向精细化发展

此时宝宝的手眼协调能力有了一定程度的发展，为了进一步促进小肌肉动作向更加精细化的方向发展，家长可以在为宝宝准备什么样的玩具上多做思考，比如可以准备一些串珠、镶嵌类的积木玩具（如 logo 积木）、蘑菇丁等，在操作中促进宝宝的精细动作进一步发展。

③ 强化语言交流，促进宝宝的认知发展

在宝宝的第二信号系统建立之后，亲子阅读应该不仅仅局限在用丰富多彩的画面吸引宝宝的阅读兴趣。在此基础上，家长要注重与宝宝展开语言上的互动与交流，借助图画书与宝宝多进行口语的互动，丰富其语言表达，促进认知和思维发展。

（三）智力发展游戏

① 象征性游戏

【游戏一】

名称：给布娃娃理发

目的：在游戏中缓解宝宝对理发的紧张情绪，并舒缓其心理压力，帮助宝宝把自己对理发师的认识表达清晰，也促进宝宝思维能力的发展。

方法：这个年龄的宝宝大部分对理发持对抗态度，恐惧理发。为了缓解宝宝对理发的紧张情绪，给宝宝理发之后，家长可以拿出一个布娃娃（或其他毛绒玩具），一起与宝宝给它理发，让宝宝做一次理发师，把宝宝内心的压力释放出来，促进其心理健康发展。同样，还可以与宝宝一起玩看病的游戏，让宝宝在当医生的过程中调节压抑的心理。

【游戏二】

名称：给布娃娃当妈妈

目的：让宝宝在游戏中表达他理解的父母照顾宝宝的方式，这种角色转换也能促进其思维的发展。

方法：家长可以经常与宝宝玩一种游戏，让他给布娃娃当妈妈，给布娃娃洗澡、喂饭、读书，与布娃娃一起做游戏等。这样的游戏不但能激发宝宝思考父母角色的表达，家长还可以从观察中反思自己的教育行为是否得当，

以便做出调整。

❷ 手眼协调游戏

【游戏一】

名称：我给妈妈做手链

目的：促进幼儿精细动作能力向更高水平发展。

方法：给宝宝准备一些珠子和绳子，引导宝宝串手链送给妈妈，在宝宝做手链的过程中，因为其此阶段的注意力和专注力发展不足，也许不能坚持，此时家长要多鼓励，或者与其共同游戏，以体验成就的方式激发宝宝不断重复游戏。

【游戏二】

名称：舀豆豆

目的：促进宝宝的手眼协调能力发展。

方法：家长可以把枸杞、玉米、黄豆、爆米花等放入水中，它们有的漂浮有的沉落，家长与宝宝一起玩舀豆豆的游戏，给宝宝一把小勺，与宝宝比赛看看谁能舀得更快、更多。随着宝宝能力的不断发展，家长还可以通过搅动等方式，让宝宝把运动的豆豆舀出来，锻炼宝宝的手眼协调能力。

❸ 亲子阅读新发展

名称：绘本问答

目的：在问答中激发宝宝展开想象，促进其语言能力与想象力发展。

方法：在此阶段与宝宝亲子阅读的过程中，应该避免家长从头讲到尾的方式，要注意宝宝在其中的参与性，对于画面中的场景，家长可以提问宝宝，让宝宝根据自己的理解回答，且不必把一切的回答都归结到书中描述，给宝宝唯一的答案。比如，有一个小猫趴在小盆前的情景，家长可以问问宝宝："小猫在做什么，它打算吃什么，它喜欢不喜欢吃？"这样的问题不但能激发宝宝的想象，还能激发他仔细观察画面，如从小猫的表情中发现它是否对食物感兴趣。要注意此时的提问不能过于封闭，如果问："小盆是什么形状的，小猫是什么颜色的？"这样的问题就过于简单，不利于展开互动交流，也不利于激发宝宝的想象。

 三、社会情感发展

（一）社会情感发展状况

❶ 行为的目的性越来越强

随着宝宝活动能力的增强和经验的积累，宝宝的思维能力和独立意识蓬勃发展。在对物体的摆弄中，宝宝行为的目的性增强，随自己意愿的探索行为也增多。虽然宝宝不言不语，或者自言自语些家长听不懂的话，但是从他的行为中，家长可以感受到他在边操作边思考：我敲敲它看怎么样？我扔到地上看怎么样？我摇一摇呢？

同时，在没有大人在的情况下，宝宝遇到困难会尝试着自己解决问题。比如，想拿桌子上的球，他能想到拽桌布的方法；想够高处的东西，他能采取攀爬或用长物拨弄的方法。

❷ 主动沟通的愿望增强

宝宝现在还是不愿意和陌生人玩，但是他的内心却开始想交朋友了。除了亲近的家人外，在孩子心目中，愿意一块玩的顺序是：熟悉的小朋友、陌生的小朋友、陌生的大人。和熟悉的小朋友玩，宝宝之间单次交往的时间越来越多。而且，一个宝宝的行为能得到另一个宝宝的反应。两个"好朋友"在一起时会经常相视一笑、互相"说话"、伸出手臂碰对方甚至相互给予玩具。当然，他们也会争夺玩具、打架、咬人、抓头发。

❸ 同理心的萌芽

同理心是指在人际交往过程中，能够理解他人的立场和感受，并站在他人的角度思考和处理问题的能力，也就是我们常说的换位思考。宝宝这么小就有这种能力倾向了！心理学家观察发现，这个阶段的宝宝，已经知道对于同一件事物，不同的人可以有不同的感受。比如，同一样食物，爸爸表现出喜欢，而妈妈表现出不喜欢，宝宝则倾向于把食物给爸爸。

（二）社会情感培养要点

❶ 让宝宝充分玩耍

玩耍是宝宝生活的重要内容，也是宝宝的天性。玩耍带来的强大满足感和愉悦感是幸福生活的精神底色，玩耍带给宝宝"我很能干"的感觉，是自信心建立的基础。事实上，如果一个人直到长大，都始终"会玩"，那他的性格中一定有不少开朗的成分。

父母需要做的，一是给他充足的时间和空间，让他尽情探索生活中的各种事物，如水、土、石头、花、瓶瓶罐罐、积木、珠子、洋娃娃……；二是尽量参与到宝宝的玩耍中，观察宝宝的兴趣、身体技能倾向、性格特征等。实际上，宝宝对玩耍的兴趣往往会在随后的若干年中发展成学习某项能力的契机。这个过程才是"兴趣引发才能"，而不是父母先确定一个方向，然后温柔地"逼迫"宝宝学。同时，玩耍中，要指导宝宝注意安全，在必要时给予引导或者更好地设计游戏以吸引宝宝的注意力。

❷ 寻找固定的游戏伙伴

带宝宝多接触人固然重要，为宝宝寻找几位固定的游戏伙伴也很重要，尤其对于胆小的宝宝。因为经常变换交往对象，在宝宝的世界里，人与人的交往总是泛泛而过；但假如有几个固定的面孔，宝宝便容易形成对朋友最初的情感依恋，体会逐步深入的人际关系，有利于宝宝的社交能力发展。和固定的伙伴玩一段时间，家长就会发现，宝宝的内心会牵挂起"朋友"。出去没碰到，还会问"某某呢？"有玩具时，也更愿意和"朋友"分享。

❸ 学习礼貌待人

在大人的引导下，学会常见的社交礼貌用语。比如，"你好""再见""请""谢谢"等。宝宝初学礼貌用语，需要大人经常提醒，养成习惯。如果宝宝主动做到了，家长要及时表扬、称赞，使好的社会行为得到及时强化，促使以后经常出现。

（三）亲子游戏

【游戏一】

名称：送玩具回家

目的：养成收拾玩具、爱惜玩具的习惯，增强自理能力。

方法：

（1）建立玩具有"家"的概念。家里的玩具，应准备好适宜的架子、筒、箱等收纳空间，分门别类地摆放。告诉宝宝，宝宝有自己的家，玩具也有自己的家。看看它们的家都在哪里。

（2）玩具回家。玩具玩完要立即收拾。可以采用拟人化的方式，比如：玩具宝宝累了，它们也要回家了，我们送玩具宝宝回家吧。如果想养成宝宝的习惯，就应当每次都和宝宝一起收拾。若时而宝宝参与、时而家长代劳，就很难培养起好习惯。

（3）延伸游戏：家里所有的东西都有固定的摆放位置。家长不妨让宝宝帮忙拿东西、放东西。

【游戏二】

名称：你先我后

目的：懂得先后次序，学习轮流的社交规则。

方法一：鼓励孩子和其他小朋友一起玩彼此分享的游戏。

方法二：在公共场所或游乐场，引导宝宝注意：大家都在依照顺序轮流滑滑梯。

方法三：吃饭时，用轮流盛菜的方式，让宝宝学会等候菜分到他的盘中。

方法四：轮流玩游戏时，问宝宝："现在该谁了？"请宝宝给大家指出轮流的次序。

【游戏三】

名称：给娃娃喂饭

目的：锻炼小肌肉动作，培养宝宝照顾他人的意识。

方法：用废旧纸箱做一个张着嘴巴的娃娃脸，准备勺子、大米。设置情境：如"宝宝吃过饭了，可是娃娃还饿着肚子呢，我们给娃娃也喂点饭吧"。

大人出示勺子、大米，为宝宝做示范。宝宝操作，大人注意引导情境的持续性，如"娃娃吃得真香！""米饭真好吃，娃娃还想吃呢。"大米可以替换成豆子、大枣等，增加小肌肉动作的难度，增强游戏的趣味性。

第四章

22～24个月的宝宝

第一节　宝宝的特点

一、生活素描

奔向两岁的宝宝，越来越脱离婴儿时的"大头娃娃"模样，看上去真的像个大宝宝了。

此时的宝宝，对于斜坡有着天生的喜爱。喜欢爬上坡，再从坡上奔跑下来。他能坐在扭扭车上，自己蹬动双腿带动车走。能原地蹦起，双脚离地。能自如地上下楼梯，还能从楼梯的矮阶上跳下来。能跟大人玩把球滚来滚去、扔来扔去的游戏，并且不是随意地滚或扔，而是按照大人站的位置，有目标地滚和扔。还能用脚把大球踢出去。

宝宝的小手也越发地灵巧。他能用鞋带将大珠子串在一起做成项链，能做简单的粘贴工作。能把硬币从存钱罐的缝隙里塞进去，还能拧紧瓶盖。给他一个面团，他能揉、搓、捏、压成各种不同的形状。能够打开、合上插销装置。

这个年龄段的宝宝想象力增强，能模仿更多细节的动作。他们开始喜欢玩能够变形的玩具，也喜欢玩拼图游戏，有的宝宝甚至能拼出9块以上拼板组成的拼图。他们还能够根据颜色给物品分类、配对。能粗略地模仿画简单的线条，如圆和竖线。能够用积木搭出五六层的高塔，然后迅速推倒。在"哗啦"一声变成一片狼藉时，宝宝会高兴地咯咯笑出声。

此时的宝宝喜欢看图书、听故事。会长时间地看一本有好看插图的书，并能记住故事的主角、重要情节。喜欢倾听朗朗上口的儿歌。能用语言表达基本需求，能回忆说出做过的事。喜欢自言自语地说一大串话，但大人一般听不懂。

宝宝的人际交往能力也逐渐增强，已经较少地表现出不友好或敌意。他们开始和其他小朋友一起游戏，能够进行有想象成分的角色扮演游戏。

　　在自理能力方面，宝宝白天能够控制住大小便，晚间不再尿床。玩完玩具能帮助大人一起整理。会脱松紧带的裤子。

💡 提示与建议

　　1. 玩出快乐和智慧。随着宝宝的成长，宝宝的玩具柜也日趋"丰满"。关注教育的家长们，深知玩具对宝宝成长的重要，但是，这里却要提醒家长：玩具并不是越多越好。若要论教育，玩具的功能，10% 在玩具本身，而90% 在于以玩具为媒介带来的互动。充分开发一个玩具的功能远比浅尝辄止地玩很多玩具对宝宝的价值更大。

　　（1）家长可以尝试给宝宝新玩具时，先让他自己捣鼓一阵子。观察一下：他对这玩具感兴趣吗？他在怎么玩这个玩具呢？没准宝宝比家长还有创意呢。家长也可以随意参与摆弄，但最好不要教宝宝"应该"怎么玩。在生活中，要坚持一物多玩，旧玩具要发明新玩法。比如，洋娃娃经常用来玩过家家，现在就为娃娃设计衣服吧，或者编一套要带着娃娃做的操。

　　（2）陪宝宝玩时，家长也不要总以长者、教育者的身份自居，家长只是个伙伴而已。请不要总评价宝宝玩得对或不对，其实，玩具的玩法，本就没有对错。家长还需要从点滴做起培养宝宝的好习惯，如玩具玩完要物归原位。不要把玩具放在嘴里，玩过玩具后要洗手，吹的玩具要专人专玩等。

　　2. 正确对待宝宝的任性行为。两岁的宝宝，开始有了自己的主张。但是，两岁还不具备把反抗心理转化为行动的能力，只是呈现消极的态度。到了3岁时，才能从行为上表现出来。因此，两岁的宝宝所表现出的是比较任性。在此刻，大人要理解的是：不是宝宝不乖了、正在变"坏"，恰恰相反，这是宝宝在用他的方式"维权"，宣告自己在健康成长。所以，还要提醒家长，这是宝宝的年龄特点所致，请对宝宝多一些包容和耐心。不要被宝宝的哭闹搅得丧失理智，冲动地以大压小；也不要认为两岁的宝宝什么也不懂，其实，他们已经有了完整的意识。家长要相信两岁宝宝的理解能力，用最充足的耐心和最充分的理智，判断宝宝的合理需求和不适宜的言行。对于合理的需求，应尽可能地满足；对于不适宜的言行，可采取转移注意力、讲道理、冷处理的方式。如果家长对宝宝的任性表现有预期，最好在事前就与宝宝"约法三章"。两岁的宝宝，已有一定的判断和自控能力去权衡他自己的利弊以及遵守承诺了。

适合宝宝的玩具：

- 球类
- 购物车、玩具厨房、玩具电话、玩具工具箱等
- 成套的类似玩具，如汽车、动物等
- 油画棒和纸

 二、成长指标

（一）体格发育指标

体格发育参考值

项　目		体重（千克）			身长（厘米）			头围（厘米）		
		−2SD	平均值	+2SD	−2SD	平均值	+2SD	−2SD	平均值	+2SD
22个月	男	9.4	11.8	14.7	80.2	86.0	91.9	45.3	48.0	50.7
	女	8.7	11.1	14.3	78.4	84.6	90.8	44.1	46.9	49.7
23个月	男	9.5	12.0	15.0	81.0	86.9	92.9	45.4	48.1	50.8
	女	8.9	11.3	14.6	79.2	85.5	91.9	44.3	47.0	49.8
24个月	男	9.7	12.2	15.3	81.7	87.8	93.9	45.5	48.3	51.0
	女	9.0	11.5	14.8	80.0	86.4	92.9	44.4	47.2	50.0

（续表）

项　目	体重（千克）			身长（厘米）			头围（厘米）		
	−2SD	平均值	+2SD	−2SD	平均值	+2SD	−2SD	平均值	+2SD
出牙	乳牙萌出2～4颗，共12～16颗 白色代表已萌出的小牙 灰色代表正在萌出的小牙 24个月								

注：本表体重、身长、头围摘自世界卫生组织"2006 年儿童体重、身长（高）、头围评价标准"，身长取卧位测量，SD 为标准差。

（二）能力发展要点

能力发展要点

领域能力	22个月	23个月	24个月
大运动	能踮起脚尖走几步	能双足跳离地面	会跨骑小三轮车；能从低矮台阶跳下来
精细动作	能把黏性纸贴在物体上；能把硬币放入存钱罐	能拧紧瓶盖	能用鞋带穿大珠子
语言	会问"这是什么"	能随音乐拍手试着学唱	能看图讲出故事主角、情节
认知	能从1数到10；可以分清前后	可以分清左右手；知道红绿灯的含义	能根据音乐的节奏做动作；方木搭塔能搭六层
社交情感	不愿意把东西给别人	愿意同熟悉的人打招呼	会帮忙做事；初步理解轮流、等待等规则

第二节　养育指南

一、科学喂养

（一）营养需求

宝宝 1.5 ～ 2 岁时，活动量日益增多，对各类营养的需求量明显加大，每天摄取的营养中有三分之一用于生长发育。因此，在宝宝成长过程中，每时每刻都要注意营养的充足与全面均衡。

1 适当补充铁

在 1.5 ～ 2 岁的宝宝中，营养性贫血较多见，这是因为母乳或牛乳的含铁量都不高。所以，应该适当地给宝宝添加含铁丰富且易吸收的食物，同时添加柑橘、红枣、西红柿等水果蔬菜，它们可提高肠道对铁的吸收率。

2 碘与宝宝发育

世界卫生组织发表的一项公报中告诫，要防止儿童因缺碘而引起的各种障碍。公报说，2001 年出生的 5000 万名婴儿在胎儿时期，孕母都没有采取任何防止缺碘引起障碍的保护措施，因而在出生后可能面临这样的问题：孕妇甲状腺机能减退所显示的碘缺乏，可能导致婴儿大脑病变而引起智力发育滞后的严重后果。据调查，缺碘人群比富碘人群的智商平均要低 10% ～ 15%。碘缺乏导致的健康问题包括：甲状腺肿大、死产、甲状腺机能减退。然而碘缺乏最严重的后果是由于母亲甲状腺机能减退导致胎儿发育过程中的脑损伤，从而导致后代智力障碍。事实上，碘缺乏是世界上引起孩子在儿童时期脑损伤最常见的因素，克汀病是最严重的后果。世界卫生组织援引营养专家的话说，只要日常注意吸收足够的碘，就能避免以上所说的各种障碍。为此，世界卫生组织倡导的一个基本解决方法是食用加碘食盐。

（二）喂养技巧

❶ 喝奶问题

尽管宝宝已经到了离乳期，一天吃三顿正餐，但并不意味着宝宝再也不需要喝奶了。幼儿配方奶、鲜奶、酸奶、奶酪以及其他奶制品，每天仍应食用。建议每天给宝宝喝300毫升左右的配方奶或鲜奶，也可喝125～250毫升的酸奶或吃一两片奶酪，代替部分配方奶。要根据宝宝的喜好，选择不同的奶制品。

如果宝宝不愿意喝配方奶或鲜奶，暂时先让宝宝喝酸奶也无妨，过一段时间再尝试着给宝宝喝配方奶或鲜奶。如果宝宝只愿意吃奶酪加面包，也可以用鲜奶片代替奶酪。如果宝宝什么样的牛奶都不喜欢吃，建议试一试羊奶制品。

❷ 饭量问题

饭量存在着个体差异。即使同一个宝宝，在不同的生长发育阶段，饭量也存在着一定的差异。家长千万不要认为，随着月龄的增加，宝宝的饭量会越来越大。宝宝的饭量和所需营养物质，不可能无止境地增加下去，相反，21个月的宝宝不如15个月时能吃也是常有的事。

"猫一天，狗一天"，这说法仍然适合这么大的宝宝。他可能昨天一顿吃满满一碗，今天却半碗也吃不下去。尊重宝宝对饭量的选择权，是善解人意而又明智的父母。宝宝吃饭是否香甜，是否有兴趣，是否踏实和安心，是否能够愉快进餐，这些要比吃多少更有意义。

❸ 培养良好的饮食习惯

尽早培养宝宝良好的饮食习惯很重要，可以让宝宝顺利地过渡到幼儿园生活，减少不适应，使宝宝在没有家人照顾的情况下，也不影响饮食和健康。

（1）让宝宝学会一心一意地吃饭，避免边吃饭边看电视、边吃饭边游戏等不良习惯。

（2）固定就餐地点，让宝宝坐在餐椅里，避免到处跑。如果宝宝还没吃完饭就离开饭桌，家长不要追着宝宝喂饭，也不要呵斥宝宝，只需把宝宝抱回饭桌，让宝宝继续吃饭。如果不行，可以让宝宝围着饭桌转悠两圈，因为这么大的宝宝不能老老实实地坐在那里，但不要让宝宝离开饭桌。

（3）控制吃饭时间。最好在半小时内完成吃饭，如果宝宝没有在半小时内完成吃饭，就视为宝宝不饿，不要无限延长吃饭时间。家长可能担心宝宝没吃饱，这种心情可以理解，但养成好习惯毕竟需要一定的章法。就算半个小时内宝宝没吃几口饭菜，也不要一直把饭菜摆在饭桌上，等宝宝饿了随时吃。增强宝宝对"一顿饭"与"下一顿饭"的时间概念。

（4）家长的示范作用。不希望宝宝做的，家长首先不要做，如在吃饭时看书、看报、看电视；在饭桌上吵嘴或说饭菜不好吃等。

（三）宝宝餐桌

鲜虾滑蛋

原料：鸡蛋1个，新鲜的海虾4～5只，香葱适量，盐少许，橄榄油适量，温开水适量。

制作方法：将新鲜的大虾剥壳后去除虾线，剁碎，加入鸡蛋打匀，放入青葱碎，加一点温开水，再调入适量的盐，搅拌均匀，锅热后放入少量橄榄油，油稍热后倒入蛋液翻炒，炒至虾肉变红即可。

说明：海虾中含有丰富的碘，对宝宝的健康很有好处。虾肉中含有丰富的钙、磷、铁等矿物质，蛋白质含量高，而且虾肉的肉质松软，没有骨刺和太刺激的腥味，适合宝宝食用。

黑芝麻粥

原料：炒熟的黑芝麻（碾末）25克，大米50克，冰糖少许，清水适量。

制作方法：大米淘净，加水武火煮粥，煮沸后改文火煮至熟烂。加入黑芝麻末和少量冰糖即可。

说明：芝麻含有丰富的蛋白质、脂肪、膳食纤维及维生素。黑芝麻里含有的麻油酸香气独特，味道浓郁，更能激发宝宝的食欲，让宝宝胃口大开。

鸡汤鲜肉馄饨

原料：鸡汤原料：鸡架1个，姜片3片。

肉馅原料：猪肉馅100克，葱末适量，淀粉、香油、盐、酱油各适量，水少许。

馄饨皮原料：面粉150克，水适量，盐少许。

馄饨汤配料：青菜，海苔，虾米皮，青葱。

制作方法：

（1）处理好鸡架上的血块和油脂，放入砂锅的清水中烧开，撇去汤面的血沫，放入姜片煮1小时以上，关火前加入适量的盐。

（2）在面粉中加入一点点食盐，倒入适量清水，揉成面团，放入盆中加盖醒半小时备用。

（3）在肉馅中加入葱末，倒入适量酱油，调入淀粉、盐和一些香油，再倒入少许清水搅拌均匀。

（4）包馄饨后，取一些鸡汤，汤烧开后下入馄饨，放些青菜。煮熟后连同汤一起盛入碗中，并加入适量的海苔或紫菜、虾米皮和青葱即可。

说明：这道餐食的特点是汤鲜味美，皮滑馅丰，含有丰富的碳水化合物、纤维素及维生素。煮小馄饨的鸡汤也营养丰富，增添鲜味。

海米萝卜汤

原料：白萝卜半根，海米10只。

制作方法：把白萝卜洗净去皮，切成丝；将海米洗净、泡发后切成碎末。在锅中倒入骨头汤或清水，煮沸后倒入海米碎煮5分钟，让海米的味道充分地挥发出来。在汤中倒入萝卜丝，用中火煮15分钟，将萝卜丝煮烂即可。

说明：白萝卜有一定的药用价值，它的作用有下气消食、除痰润肺、解毒生津、和中止咳、利大小便。近几年，医学界发现白萝卜不仅有抗癌作用，还是人体补钙的最佳来源之一。海米营养丰富，蛋白质含量非常高，富含多种对人体有益的微量元素，是人体获得钙的较好来源。

二、生活护理

（一）吃喝

1 安全吃果蔬

水果富含糖、维生素以及铁等各种营养元素，对人体非常有益。但给宝宝吃水果要讲科学，否则，在给宝宝带来口福的同时，也会带来祸患——水果病。年轻的爸爸妈妈可一定要当心！

（1）合适的时间。吃水果的时间最好安排在两道正餐之间，或是午睡醒后。餐前、餐后半小时内都不适宜吃水果。餐前吃水果，会占据胃的空间，影响正餐营养素的摄入；餐后立即吃水果容易胀气，或引起宝宝便秘。

（2）合适的量。每次给宝宝的适宜水果量为 50～100 克（也就是一个中等大小的苹果或梨的量），并可根据宝宝的年龄大小及消化能力，把水果制成适合宝宝消化吸收的果汁、果泥或煮果块儿。

（3）选择食疗水果。有谚语说：每天一个苹果，医生远离我。苹果有调节肠胃的食疗作用。如果宝宝有点便秘，可以吃一些有滑肠作用的香蕉，但应注意量不宜过多，一根比较合适，因为吃大量的香蕉反倒起不到通便的作用，而且要注意给宝宝吃熟香蕉（皮上带一些小黑点），慎食青香蕉。可以给容易感冒的宝宝多吃些维生素 C 含量高的水果，如橙子、杜果等。除此，需注意选择当季水果更安全，因为一些反季水果多用了生长激素。当然，水果的调节作用是有限的，如果宝宝呈现病态，则应到医院治疗。

（4）与体质相宜。容易出汗、舌苔厚、手脚心发热、易便秘的宝宝可以吃些凉性水果，如梨、橙子、香蕉等；手脚发凉、怕冷、容易腹泻的宝宝可以多吃些柑橘、木瓜等温热性水果。

（5）注意清洗方法。应将水果在清水中冲净后再在盐水或淀粉水中浸泡20 分钟，之后用流动水冲净再给宝宝吃。尤其要注意，一定要把果把儿处清理干净，因为这个地方最容易收纳残余农药。

❷ 应对宝宝的"食物恐新症"

大部分1～2岁的宝宝在接触一种新食物时都会有个适应过程，尤其对有特殊味道的蔬菜，如芹菜、青椒，都不会很快接受，而且有时候还会坚决拒绝，一口不沾。这是宝宝发育过程中的正常现象，叫作"食物恐新症"，也就是害怕新食物。宝宝需要时间来了解这些食物都很安全可以吃，而且很好吃，他会通过观察家长和别人来了解这一点。最终他将会扩充自己吃的食物种类。

尽量多和宝宝同桌吃饭。让他通过观察和模仿父母来学习接受并尝试吃那些自己不熟悉的食物。

安排宝宝和同龄小朋友一起吃饭。让他们互相模仿，互相学习。

给宝宝准备两道菜。一道熟悉、爱吃的菜，一道新的食物。其实，宝宝总吃一种口味会觉得厌烦，他愿意尝试新口味。两道菜不但让宝宝有选择的机会，而且也不致让宝宝"挑花了眼"。

食物的分量要小。"物以稀为贵"，让宝宝觉得珍贵，他才有吃得更多的欲望。

换个地方吃饭。如饭馆或野炊，调整宝宝接受新食物的心态。

有时宝宝从拒绝到接受一种新食物需要很长时间，如果他坚决不吃，也不要勉强，可以过一周左右，再换一种做法给他吃。

（二）拉撒

什么时候停用纸尿裤比较合适？

1.5～2岁，是锻炼宝宝控制大小便能力的黄金时期。这时控制排便的神经和肌肉逐渐成熟，宝宝有能力和意识去控制排便的功能。如果一直使用纸尿裤，特别是超过3岁还使用纸尿裤，时间一久，习惯成自然，宝宝很容易形成"习惯性尿床"或者"懒惰性尿床"。因为纸尿裤不会让他们有"湿漉漉"的不适感，当然也不会有憋尿时的紧张感。这就使得宝宝膀胱储尿的功能得不到锻炼，想尿就尿，没有自控能力。

合适的时机。当宝宝白天能控制绝大部分小便的时候，就可以尝试夜间把他从纸尿裤中解放出来。但要跟他解释是在做什么，为什么这么做，并且要提醒他，这意味着他晚上不能在床上尿了。有些家长等到宝宝早上的纸尿裤是全干的或只有一点湿的时候，才这么做，因为这说明宝宝已经准备好了。

不过，在到达这个阶段之前，尝试一下拿掉纸尿裤也是可以的。宝宝知道纸尿裤不在了，就会表现得有所不同。

防护措施。在小床上给宝宝铺一块隔尿垫，以防刚开始的一段时间宝宝会尿床。通常需要准备两三块隔尿垫备用。

训练步骤。宝宝晚上睡觉前的最后一件事应该是上厕所，然后在家长上床睡觉前再给他把一次尿。第二天一早，不管宝宝尿没尿床，家长都要提醒他自己去排便。

（三）睡眠

宝宝睡觉磨牙怎么办？

磨牙会导致牙疼、面部过度疲劳，不但下颌关节和局部肌肉在运动时有酸痛感，张口时下颌关节还会发出响声。这会使宝宝感到不舒服，影响他的情绪。长时间磨牙会影响宝宝的睡眠。

入睡前玩耍过度，致使精神兴奋；晚间吃得过饱，入睡前肠胃负担加重；因某些事长期受到父母的责骂，引起紧张、压抑和焦虑等均可成为宝宝睡觉磨牙的原因。此外，如果宝宝有挑食的习惯，特别是不爱吃蔬菜，导致钙、铁等各种维生素和微量元素缺乏，也可能会引起晚间面部咀嚼肌不由自主地收缩，牙齿来回磨动。

磨牙期间，让宝宝少食或尽量避免油腻、煎炸及辛辣等热量过高的食物。对挑食的宝宝，家长可以把他不喜欢吃的食物多做几个花样，尽量做到食物的均衡摄入，以增强抵抗力，有助于缓解磨牙。另外，可为宝宝配制牙垫，戴上后会减少磨牙。

（四）其他

❶ 准备合适的洁牙用品

此阶段，多数宝宝的乳牙已经出齐，可以开始学习刷牙了，爸爸妈妈为宝宝选购牙刷、牙膏和漱口杯等洁牙用品时，需注意以下几点。

（1）牙刷的刷头要小，长度以相当于四颗门牙的宽度为宜，这样在口内转动灵活，可以刷到所有牙齿的表面；刷毛要细，可以进入牙缝间隙；牙刷柄长短适中，表面最好有一层防滑贴面，易于宝宝抓握。

（2）目前市场上牙膏种类很多，要选用为宝宝特制的牙膏。口腔专家提醒：3岁前禁止使用含氟牙膏，因为宝宝的口腔功能发育还不完善，刷牙过程中容易吞咽牙膏。

（3）给宝宝准备的小漱口杯要轻，宝宝单手拿时不至于拿不动。同时注意做工要精细，尤其是杯口的处理应圆滑，避免划伤宝宝娇嫩的嘴唇。

❷ 尽量少看电视

有关专家指出：大量机械声音的刺激会使宝宝对来自人体的声音没有反应；电视画面的快速转换会引起注意力紊乱，使宝宝难以集中精力专注于某一件事；看电视是一种被动性经历，会导致宝宝形成一种"缺乏活力"的大脑活动模式，而这与智力活动的迟钝有直接关系；当宝宝把大量的时间花费在看电视上时，他们学习语言的机会无形中被剥夺，从而观察、探索和关注这个世界的时间就所剩无几了。所以，在宝宝两岁前最好不要让他看电视。

宝宝两岁以后，可以选择一些适合宝宝看的节目。但不要让宝宝单独看电视，家长要陪在一边，对宝宝的反应点头认同，或对那些不易理解的内容加以说明让他了解，并教导他看电视时要保持应有的距离，避免距离过近造成对眼睛的伤害。

提示与建议

1. 保护宝宝的眼睛。给宝宝一双明亮的眼睛，除了尽量少看电视或不看电视外，还要保证宝宝充足的睡眠、合理的营养和健康的用眼习惯。宝宝的神经系统发育尚未完善，其兴奋性较强，容易疲劳。如果睡眠不足，眼睛得不到休息，容易导致近视。提供合理的营养，多吃富含维生素A及钙、铬、锌等微量元素的食物，如胡萝卜、蛋黄、花生、糙米等，少吃甜食，利于视力的保护；刺激敏锐的视觉，如常玩能让宝宝眼睛灵活转动的游戏，如球类、弹珠等；做锻炼宝宝视觉专注力的运动，如放风筝、投篮等；避免损伤眼睛，户外运动要避开风大或太阳光线强烈的时候，如果眼里进了沙子，可以用湿棉签轻轻地沾出沙粒，或用护眼液冲洗。千万不要让宝宝使劲揉眼睛，否则容易擦伤眼球或导致角膜炎；控制阅读时间，每次阅读不应超过20分钟。

2.厨房里的安全隐患。这个时期的宝宝大都喜欢到厨房去"探险"，因为厨房是个很好玩的地方，揭、盖、转、抓、敲，样样都可以得到满足。当然，这些尝试是有危险的，而年幼的宝宝是意识不到的。据统计，两岁的宝宝发生煤气中毒事故的最多，这值得家长警惕。

一般而言，家长可从以下几个方面加以防范。

（1）做饭时，要特别留意一下宝宝是否在厨房；把盛有热汤的锅端离炉灶的时候要注意宝宝是否在身边；锅或炒勺的柄平时应朝内放置，小心别让宝宝抓下来。

（2）热的锅和炒勺、油、各种调料等应放在宝宝够不着的地方。

（3）所有洗涤剂都不要放在厨房的地上，要放在高处的柜子里或宝宝够不着的地方，有刃的刀、叉等也要放在隐蔽的地方。

（4）不要让宝宝够到下垂的桌布，拽桌布会把桌上的食物拽下来，引起烫伤。

（5）最重要的是，不要让宝宝单独待在厨房里。

三、保健医生

（一）常见疾病

① 急性喉炎

急性喉炎可因病毒或细菌感染引起，常继发于上呼吸道感染，如普通感冒、急性鼻炎、咽炎，也可继发于某些急性传染病，如流行性感冒、麻疹、百日咳等。小儿急性喉炎是儿科及耳鼻喉科的一种常见疾病，该病主要是由病毒、B型嗜血流感杆菌感染所致。

症状表现为起病较急，患儿多有发热，常伴有咳嗽、声嘶等。早期以喉痉挛为主，声嘶多不严重，表现为阵发性犬吠样咳嗽或呼吸困难，继而炎症侵及声门下区，则成"空""空"样咳嗽声，夜间症状加重。声门下黏膜水肿加重，可出现吸气性喉喘鸣。病情重者可出现吸气期呼吸困难，患儿鼻翼翕动，胸骨上窝、锁骨上窝、肋间隙及上腹部软组织吸气时下陷（临床上称为三凹征），烦躁不安、鼻翼翕动、出冷汗、脉搏加快等症状，起病急、高烧、突然咽痛、声音嘶哑、伴有犬吠样的咳嗽，严重的可引起喉头水肿而窒息死亡。

急性喉炎可通过如下措施预防：平时加强户外活动，多见阳光，增强体质，提高抗病能力；注意气候变化，及时增减衣服，避免感寒受热；在感冒流行期间，尽量减少外出，以防传染；生活要有规律，饮食有节，起居有常，夜卧早起，避免着凉；在睡眠时，避免吹对流风。

❷ 肺炎

肺炎是因上呼吸道感染向下蔓延而引起的疾病。

症状表现为咳嗽、高热、气促，病情加重时可见呼吸增快、鼻翼翕动、口唇发紫、口周发青等。患儿表现为：烦躁不安或精神萎靡，甚至出现惊厥、昏迷和呼吸不规则，严重时，可出现呼吸衰竭现象。

护理肺炎患儿时要注意：居室要保持安静，以利于患儿充分休息。良好的休息可以减少患儿体内能量的消耗，保护心肺功能和减少并发症的发生。让患儿枕高一点的枕头或采取半躺半坐姿势，经常翻身拍背或交换体位，有利于减轻患儿肺部瘀血。恢复期可适当参加户外活动，以促进肺部炎症的消失。患儿因病程中发热等消耗增加，消化功能受影响，所以应多吃易消化而富有营养的食品，保证足够的营养供给。如果出现呼吸困难，边吃边喘，可少量多餐，不要让食物呛入气管。咳嗽时应暂停喂食，以免引起窒息，同时应多喝水，有助于痰液稀释。护理期间要密切观察病情的变化，患儿出现气急、口唇青紫等异常表现应及时就医。

（二）健康检查

两岁宝宝的体格发育、神经发育、心理发展及智能水平出现了新的特点。因此，爸爸妈妈千万不要看到宝宝能说会跳就只顾高兴了，宝宝的健康体检还是不可忽视的。

宝宝两岁后，所有的乳牙基本出齐。因此，每年要检查一次牙齿情况，对已患龋齿的牙早诊断、早治疗。同时，根据医生的建议，采取适当的防龋措施。

（三）免疫接种

免疫接种

时　间	疫　苗	可预防的传染病	注意事项
两岁	乙脑疫苗（第二针）	流行性乙型脑炎	1.注射疫苗后保持左上臂干燥清洁 2.接种前最好给孩子洗澡，换上干净的内衣；刚打过针应注意休息，不要做剧烈活动
	甲肝疫苗	甲型肝炎	

提示与建议

1.预防异食癖。两岁半以前，有些宝宝会出现一些奇怪的现象，在大人未察觉时，偷偷吃墙皮、煤渣、纸、泥土等物，这种情况称为异食癖。宝宝出现这种现象往往由于体内缺乏某种营养素或因肠道寄生虫而导致营养成分不平衡所致。发现宝宝出现这种情况时，应一方面详细检查幼儿血液和头发所含的营养素是否缺乏；另一方面要查看大便标本是否有虫卵，以便服药驱虫。

2.喂药的技巧。对于很多父母而言，宝宝生病"喂药"是一项特别艰巨的任务。往往大人累得满头大汗，宝宝哭得声嘶力竭，仍然无法达到目的。其实，在给宝宝喂药时只要讲究一些方法和技巧，喂药也可以是一件轻松的事。

（1）事先说明。与其给宝宝突然袭击，不如认真告诉他"我们要吃药了""它有一点苦，但如果不吃药，宝宝会更难受，会病得更厉害"。两岁多的宝宝开始萌发最初的"意志力"，情感也变得更丰富。所以，告诉他真相，让他自己慢慢明白道理，也允许他表达自己的情感，如果他哭的话，告诉他"爸爸、妈妈会陪着你的"。

（2）给药取个好听的名字。根据药的颜色，给它取个名字，如"宝宝咖啡""彩色糖豆""神奇豆豆"等。

（3）改头换面。把药片碾成药末，装在空胶囊（药店有专门卖空胶囊的）中让宝宝低头吞服，就像"大鲸鱼吃小虾米"一样。

（4）及时表扬。让宝宝知道爸爸妈妈为他能勇敢吃药而感到很自豪、很高兴。他会非常乐意做个"小英雄"。

注意，不要用饮料或牛奶服药，否则会降低药性。

第三节　宝宝的发展

 一、动作发展

（一）动作发展状况

到此阶段，宝宝无论是走还是跑都更加稳健自如，这是生理成长与适宜的锻炼促进宝宝平衡、协调、灵敏性发展的结果。这一阶段，宝宝大动作方面的具体发展状况如下。

❶ 能一步一级地上下楼梯

由于平衡协调能力和控制力的增强，宝宝上下楼梯较之前更加平稳，自信心越来越足，胆子也越来越大。将近两岁的时候，很多宝宝可以单手扶着栏杆一步一级地上下楼梯，不过速度稍慢。

❷ 能有意识地绕开障碍物跑

不再跌跌撞撞、僵硬地跑步。如果前方有障碍物，还能够躲避。这表明宝宝平衡、协调能力和控制能力都有所发展和提高，另外，这也体现了宝宝认知水平的发展，因为躲避障碍要在跑的过程中有思考、领悟，然后才会调整，这种对未来的预见性已经证明了宝宝思维的概括性。

❸ 可以双脚蹲跳

到此阶段的末期，经过将近一年的行走、奔跑练习，宝宝的下肢肌肉力

量得到了充分的锻炼，弹跳能力有所发展，部分大动作发展好的宝宝（以男宝宝居多）在有支撑的情况下会出现双脚蹲跳的动作。

④ 弯腰捡东西

在蹲站自如的基础上，宝宝的身体平衡能力越来越好，能快速适应身体的变化并做出平衡反应。另外，其下肢的控制力逐渐增强，能把握上肢引起的平衡改变。因此，宝宝的胆子越来越大，开始出现弯腰捡东西的动作。

（二）动作训练要点

在走、跑自如的基础上，对宝宝动作技巧的训练仍然是以平衡、协调为主，并训练其下肢的力量和耐力，为动作的技能技巧方面进一步发展提供支持。

① 继续练习下肢的力量和耐力

此阶段后的大动作发展对下肢的力量提出了要求，因此宝宝需增强体质，为大动作向更高水平发展提供生理基础。尤其要注意的是，在日常生活中，家长不要过分保护、包办代替宝宝，让宝宝能自己走就自己走，能自己上楼梯就自己上楼梯，利用生活中的一切机会锻炼宝宝。

② 继续练习宝宝的平衡与协调能力

平衡与协调能力依然是本阶段大运动训练的要点之一，为宝宝大动作的进一步发展提供生理基础，促进宝宝平衡与协调能力的发展。

（三）动作发展游戏

① 力量与耐力游戏

【游戏一】

名称：追泡泡

目的：在奔跑追逐中，锻炼宝宝跑步的耐力与下肢力量。

方法：妈妈可以带宝宝去公园比较开阔的地方玩吹泡泡、追泡泡的游戏，妈妈到不同的方向吹泡泡，引发宝宝四处追赶，在追赶中锻炼宝宝的下肢力量，以及对奔跑动作的控制、调节能力。为增加宝宝的游戏兴趣，家长还可以在公园等场所组织多个同龄宝宝共同游戏，有竞争的氛围会更进一步激发宝宝的游戏兴趣，并且多个伙伴共同游戏会训练宝宝对动作的控制和调节能力，学会躲避，避免相撞。

【游戏二】

名称：摸高跳

目的：锻炼宝宝的下肢肌肉力量，增强下肢爆发力。

方法：把宝宝喜欢的玩具提高一点，让宝宝在跳跃的过程中碰到，并时不时给宝宝玩耍，在与玩具的互动中强化跳跃触碰玩具的动作。如果宝宝比较喜欢，家长还可以在家中顶棚上垂吊多个玩具，以丰富的环境引发宝宝的自发游戏行为。

【游戏三】

名称：登山

目的：锻炼宝宝的肌肉力量和运动的耐力。

方法：节假日的时候，家长可以带宝宝去爬高度适宜、相对安全的小山，以因为增高而开阔的视野激发宝宝登山的兴趣，在运动中锻炼宝宝肌肉的力量，并培养其运动的耐力。

❷ 平衡与协调训练游戏

【游戏一】

名称：走台阶拿玩具

目的：与宝宝一起熟悉上下楼梯的动作，促进其平衡与协调能力进一步发展。

方法：把宝宝喜欢的玩具放在距离宝宝有五六级的台阶上（或下），引发宝宝自己扶着栏杆取回玩具玩耍，反复游戏，促进宝宝在游戏中提高其平衡能力与协调能力。在家中，家长还可以用旧纸箱、小板凳等材料为宝宝搭建一个三四级的台阶，把宝宝的玩具柜放在上面，宝宝每次收放、拿取玩具都必须通过台阶。在这种日常生活中训练宝宝的平衡能力与协调能力。

【游戏二】

名称：骑三轮

目的：通过骑行三轮车，培养宝宝的平衡与协调能力。

方法：此时家长应该给宝宝准备三轮车了，骑三轮车能够锻炼宝宝的平衡与协调能力。只是此阶段宝宝的下肢力量也许达不到，因此为宝宝选择的三轮车最好是两个脚踏板垂直距离稍大的三轮车，便于宝宝骑行中用力。另外，市面上有卖后面带推把的三轮车，不建议家长选择此类三轮车，因为无法达到锻炼宝宝平衡能力的目的。很多家长担心孩子骑不动，因此觉得推把十分必要，其实，家长可以采取拉绳的方式给宝宝一定的力量支撑，让宝宝在自己掌握平衡的基础上骑行三轮车。

【游戏三】

名称：推独轮车

目的：锻炼宝宝行进中人与物的平衡能力。

方法：为宝宝选择轮子较大的独轮手推车，最好在行进中可以根据行进的快慢有节奏不同的声音，激发宝宝尝试推车跑，在游戏过程中锻炼宝宝行进中与物体保持整体平衡的能力。等宝宝再大一些，家长可以根据发展情况，为宝宝准备小型的"滚铁环"，激发宝宝在携物奔跑中保持平衡。

二、智力发展

（一）智力发展状况

在此阶段，宝宝的手眼协调能力、语言能力都有所发展，主要表现有以下四个方面。

❶ 出现涂鸦动作并能模仿画直线

此时如果给宝宝一支笔，他会在纸面上进行胡乱涂鸦，如果家长有意识地在纸面上画直线并引导宝宝模仿，他也会模仿着画直线。需要提醒的是，此时宝宝所画的直线是一种感觉，而不是精确的笔直的线，因为此时宝宝的控制能力还需发展。

❷ 能把八块左右的积木垒高或排长

此时宝宝对积木的操作水平也有所提高，他能用八块左右的积木垒高或者把它们排成"火车"，这与宝宝手眼协调能力、空间知觉发展有密切的关系，这不但能使宝宝精确地把要摆的积木放在适宜的位置，还能使宝宝控制两块积木之间的位置偏差。

❸ 电报句中出现一定的代词和虚词

此时宝宝的语言虽然仍有电报句的风格，以动词、名词为核心词汇，言简意赅地表达自己的需要，实现必要的沟通，但是此时宝宝的语言里也会出现少量的代词、语气词等，让语言有了张弛有度的节奏感，句子扩展到四个字左右，如果是女孩子，其语言发展水平更高，有可能已经会说六七个字的短句了。

❹ 用勺喝汤有外溢情形

此时宝宝仍然处于对实物操作感兴趣的时期，并从最初无目的的多种操作过渡到实物操作的最后阶段，以其最核心的功能为主要操作方式，如用勺吃饭和喝汤。需要强调的是，此时宝宝的小肌肉控制能力不足，用勺喝汤仍然有外溢情形，家长不能因此剥夺宝宝的积极行为，也不应苛责宝宝。

（二）智力培养要点

❶ 满足宝宝的涂鸦需要

到这个时候，宝宝喜欢涂画，常常画得满墙各色线条。家长会很无奈，甚至会觉得宝宝很难管教，其实是家长没有读懂宝宝的需要。此时的宝宝迈进了绘画进程的涂鸦期，成人看来的乱涂乱画是他们的一种真实需要，因此，爸爸妈妈要给宝宝多准备纸笔，允许宝宝在特定的范围内以自己的方式涂写，既避免了对环境的破坏，也满足了宝宝的涂鸦需要。

需要提醒的是，此时父母不要对宝宝提出有规范的绘画或书写要求，比如画简笔画、写数字等，这都是揠苗助长，宝宝的小肌肉控制还没到此程度，其绘画的线条多是粗放型的，并且其认知也没达到绘画书写的水平，家长不能出现小学化倾向，别让知识与技能湮没了宝宝的真实需要。

❷ 利用桌面游戏促进思维发展

此阶段，宝宝处于形象思维的萌芽时期，家长准备一些小型积木、串珠等桌面游戏材料，不但能促进其精细动作能力的发展，也能促进其形象思维的发展。在其专注的游戏过程中，还能培养宝宝的注意力、想象力、观察力等的发展，这都是认知成长的主要组成部分。

❸ 以启发式对话丰富宝宝的语言表达

此阶段，与宝宝沟通交流，家长可以有意识地扩充句子，让宝宝的语言表达更加丰富，用追问、示范等方式促进宝宝的语言发展。

比如，宝宝看见桌子上有苹果，指着说："苹果！"家长可以追问："谁吃苹果？"引发宝宝说："宝宝吃苹果！"如果第一次宝宝不能达到家长的预期，只回答了"宝宝"，家长可以扩展句子给宝宝示范："宝宝要吃苹果啊，你说'宝宝吃苹果！'"用这样的方式让宝宝感受句子的一次次丰富，并学会自己扩展句子。

（三）智力发展游戏

❶ 涂鸦游戏

【游戏一】

名称：浴室里的涂鸦墙

目的：用可擦除的方式给宝宝建立涂鸦区角，满足宝宝的涂鸦需要，促进其手部小肌肉群发展。

方法：选择一块厚的玻璃板放在浴室里，并准备多种颜色的画笔，幼儿有涂鸦需要时引导其去涂鸦区自由涂写，结束后与宝宝一起清洗玻璃板，这样既满足了宝宝的涂鸦需要，也满足了宝宝的玩水需要，还很节约资源。

【游戏二】

名称：大自然中的涂鸦

目的：让宝宝去大自然适宜的场景中涂鸦，感受与大自然融为一体带来的安全感。

方法：在雨后的泥地上、雪后的雪地上，在沙滩上，家长都可以选择自然中的物品与宝宝一起涂鸦，这种涂鸦除了满足宝宝的涂写需要外，还能给宝宝亲近自然的机会，促进宝宝与大自然和谐相处，感受到回归自然带来的安全感。

【游戏三】

名称：给涂鸦命名

目的：激发宝宝在涂鸦中的观察与思考，把宝宝从无意识涂鸦引向有意识涂鸦。

方法：此阶段，宝宝的涂鸦还处于无意识状态，是身体机能发展内在需要的一种无目的涂鸦阶段。但是，在涂鸦的过程中，宝宝会根据线条展开想象，于是，家长问一问宝宝画的是什么、与宝宝就涂鸦展开对话十分重要，这不但可以引发宝宝的观察力与想象力，还能促进宝宝从无意识涂鸦向有意识涂鸦过渡，建立有目的地涂鸦的意识。

【游戏四】

名称：生活用品涂鸦

目的：扩展涂鸦概念，激发宝宝仔细观察、展开想象，促进认知能力的综合发展。

方法：此阶段，宝宝的想象力十分丰富，并能精练地表达出来，家长可以把涂鸦从用手画拓展开来，引发宝宝的多种涂鸦及命名。比如，家长可以在宝宝吃饼干的时候，引导他吃出花样来，用饼干咬出小汽车、大烟囱，用食品进行涂鸦；还可以让宝宝用糖果摆造型，进行造型涂鸦；甚至宝宝自己撒的尿都可以展开想象，并有意识地去控制，尿出造型。只要父母留心发现，利用日常生活开展的涂鸦可以更加丰富。

❷ 手眼协调游戏

【游戏一】

名称：主题积木

目的：在搭建过程中锻炼宝宝的想象力与手眼协调能力。

方法：此阶段为宝宝选择的积木最好是有一定主题、一定情境的积木，如男宝宝比较喜欢的动物园、车库等风格的积木，女宝宝比较喜欢的家居、餐厅等风格的积木，这样的积木便于宝宝展开想象，与其形象思维发展阶段相吻合，有情境的积木更能激发宝宝的搭建兴趣。

【游戏二】

名称：厨房小帮手

目的：在择菜的过程中，锻炼宝宝的手眼协调能力与观察力。

方法：在真实生活中，游戏依然是此阶段宝宝所热衷的，此时他们难以区分游戏与真实生活，喜欢与成人做同样的事情满足自己想长大的愿望。此时家长可以带着宝宝一起择菜，宝宝也许不能实现真正意义的择菜，但是，他会把韭菜拽成很小的段、把菜花捋得像扫帚，这也能促进其手眼协调能力与观察力的发展，并且，蔬菜的丰富性与低廉的价格比玩具更具优势。

三、社会情感发展

（一）社会情感发展状况

❶ 要求自主选择

不要期待宝宝会按照家长的想法去做讨家长喜欢的事，他有自己的"主意"。"不要"是这个年龄阶段的宝宝常挂在嘴边的一句话。父母若了解，孩子说"不要"的意思是"尊重我！我是独立的个体！"就容易接受现状了。

宝宝从不同的方面逐渐减少对成人的依赖，直到他最终获得精神上的独立。他用自己的经验而不是成人的经验来培养自己的大脑。家长若能多给宝宝提供一些自主选择的机会，将更有利于宝宝形成良好的个性。

❷ 初步的是非观念

步入两岁的宝宝，有了初步的是非观念，知道什么是对，什么是错。对或错的标准，就是家长平时经常提醒他的事情。比如，他已经知道，不事先告知父母，而将尿尿到裤子里是不对的。不过，尽管这样，在吃或玩得高兴时，宝宝还是会忘记，或者明知故犯地做出他知道的错事——因为真的好舍不得某个游戏或美餐啊。

❸ 精准的情绪识别

早在1岁时，宝宝就会察言观色了。比如，面对陌生人递过来的玩具，他会看父母的脸色，父母做出鼓励的样子，他就会接过玩具，反之则拒绝。将近两岁时，宝宝察言观色的能力更为精准、犀利。比如，他能够判断出成人是真生气还是假生气。如果平时爸爸对他说："你闹，你再闹，爸爸要打你的屁股啦。"宝宝可能会故意露出屁股让爸爸打。当他真的做了错事时，爸爸训斥："你要干什么？爸爸要揍你了啊。"他可能会吓得立马不敢出声。

（二）社会情感培养要点

1 教宝宝遵守规则

由于自控能力的提高，父母可以向宝宝提出各种要求，教他们遵守各种规则。比如，哪些东西不能碰，见到邻居要问好等。为帮助宝宝内化规则，家长还要帮助他掌握含有愿望或指令含义的词，如"应该""要""行""不许"等。

2 让宝宝知道什么是对、什么是错

我们常看到一些犯罪分子不会对自己的行为感到自责，这与他们从小没有获得正确的价值引导有关。宝宝心中没有明确的"孰是孰非"，自然不会对错事产生良心煎熬。

很多父母认为孩子还小，以后教育也不迟，却不知随着宝宝年龄增长，父母对他的影响力会逐渐减弱，而他的价值观也逐渐稳定，以后改变会非常困难。因此，"当下引导"非常重要。

3 不要将恐惧传染给宝宝

由于宝宝的情绪识别和模仿能力都非常出色了，因此，需要特别强调：家长不要将一些不必要的恐惧传染给宝宝。

宝宝对某些东西的恐惧是"学"来的。比如，宝宝本来不怕毛毛虫，甚至还好奇地想"玩玩"，但在旁边的妈妈被毛毛虫吓得花容失色，宝宝就对妈妈突发的恐惧记忆深刻，不自觉地受到强烈情绪的感染。同时，妈妈是他最亲近的人，决定性地影响他对世界的判断。他会认为：原来这个东西是很可怕的，见到它"应该"害怕。这样，宝宝以后见到毛毛虫就害怕了。同样的道理，孩子还可能"学会"害怕很多东西，如剪刀、猫、狗，甚至社会性的东西，如陌生人、当众发言、维权等。

这就提醒父母，在自己理所当然地害怕某个事物或经历时，不妨认真反省，自己对那个东西是怎么害怕上的呢？它真的有危险吗？愿意自己的宝宝也害怕那个事物或经历吗？如果答案是否定的，那就说明那个东西是值得尝试的，家长就不要在宝宝面前表现得过于消极。这也从另一个角度说明，父母真的是宝宝的榜样。

（三）亲子游戏

【游戏一】

名称：介绍自己

目的：增强宝宝的自我认知，培养与人交往的能力。

方法一：平时教宝宝知道自己的名字、年龄、性别等。

方法二：设计一套自我介绍的开场白。比如，"我叫婧婧，今年两岁，我们一起玩吧。"引导宝宝主动与人交流。

方法三：扮演游戏。在家里，可以利用毛绒玩具，和宝宝玩自我介绍的游戏。起初由父母扮演其他角色，如"我是小熊，我叫维尼，我们一起玩吧"；"我是小羊，我叫咩咩，我们一起玩吧"。熟练后，可以让宝宝进行角色扮演，做自我介绍。

【游戏二】

名称：小小建筑师

目的：培养宝宝自主活动的兴趣，体验与人合作的乐趣。

方法一：引导宝宝用积木搭建各种建筑，鼓励宝宝按自己的兴趣搭建。

方法二：成人也自己搭建，可启发宝宝注意自己的作品，如"妈妈的山洞搭好了。哎呀，还缺一辆小火车。小火车要钻山洞啦！"创设情境，引导宝宝共同完成建构游戏。

方法三：可以利用积木搭建简易情境，与孩子玩过家家的游戏。

【游戏三】

名称：交通信号灯

目的：使宝宝了解社会规则，懂得按规则行动。

方法一：带宝宝去马路上，体验红、黄、绿信号灯的变化与车辆行驶、停止的关系。

方法二：用纸板做成红圆圈、绿圆圈，在地上画出马路。举起绿圆圈，宝宝开玩具汽车，迅速通过；举起红圆圈，玩具汽车立即停驶。

方法三："动和定"游戏。可以全家人一起玩。一人说"动"，全家人都做运动状；说"定"，全家人都一动不动。全家轮流做发指令的人。

出 版 人　所广一
责任编辑　宫美英
版式设计　点石坊工作室　刘　莹
责任校对　贾静芳
责任印刷　曲凤玲

图书在版编目（CIP）数据

婴幼儿成长指导丛书. 幼儿篇. 上／王书荃主编. —
北京：教育科学出版社，2014.11
　　ISBN 978-7-5041-9045-1

　　Ⅰ.①婴…　Ⅱ.①王…　Ⅲ.①婴幼儿-哺育-基本知识
Ⅳ.①TS976.31

　　中国版本图书馆CIP数据核字（2014）第227729号

婴幼儿成长指导丛书

幼儿篇（上）
YOUER PIAN

出版发行	教育科学出版社		
社　　址	北京·朝阳区安慧北里安园甲9号	市场部电话	010-64989009
邮　　编	100101	编辑部电话	010-64989592
传　　真	010-64891796	网　　址	http://www.esph.com.cn
经　　销	各地新华书店		
制　　作	点石坊工作室		
印　　刷	保定市中画美凯印刷有限公司		
开　　本	170毫米×230毫米　16开	版　　次	2014年11月第1版
印　　张	7.25	印　　次	2014年11月第1次印刷
字　　数	95千	定　　价	22.00元

如有印装质量问题，请到所购图书销售部门联系调换。